MIMO-OFDM

华为数据通信·基础理论系列

Technical
Principle of
MIMO-OFDM

MIMO-OFDM
技术原理

华为WLAN LAB
[以色列] 多伦·埃兹里 (Doron Ezri) ◎著
[以色列] 希米·希洛 (Shimi Shilo)

人民邮电出版社
北京

图书在版编目（CIP）数据

MIMO-OFDM技术原理 / 华为WLAN LAB，（以）多伦·
埃兹里（Doron Ezri），（以）希米·希洛
(Shimi Shilo) 著. -- 北京 : 人民邮电出版社, 2021.5（2024.5重印）
（华为数据通信. 基础理论系列）
ISBN 978-7-115-55204-4

Ⅰ. ①M… Ⅱ. ①华… ②多… ③希… Ⅲ. ①移动通
信—通信系统 Ⅳ. ①TN929.5

中国版本图书馆CIP数据核字(2020)第245155号

内 容 提 要

在现代通信系统中，MIMO 和 OFDM 技术受到越来越多的关注，这两种技术为增强无线链路提供了强有力的工具，特别是可以用于提高频谱效率。MIMO 和 OFDM 被认为是通往6G无线标准的桥梁。

本书详细介绍了 MIMO-OFDM 的技术原理，包括各种 MIMO 模式的基本概念及其性能、OFDM 技术和信道建模的过程，同时对发射波束、空间复用、空分多址、无线信道等内容进行了详细的阐释，并列举了大量的实际应用案例。本书还提供了丰富的习题和解答，可帮助读者深入、扎实地学习 MIMO-OFDM 技术。

本书适合电子信息相关专业的研究生和通信工程师阅读。

◆ 著　　　华为 WLAN LAB
　　　　　[以色列] 多伦·埃兹里（Doron Ezri）
　　　　　[以色列] 希米·希洛（Shimi Shilo）
责任编辑　韦　毅
责任印制　李　东　周昇亮

◆ 人民邮电出版社出版发行　　北京市丰台区成寿寺路 11 号
邮编　100164　　电子邮件　315@ptpress.com.cn
网址　https://www.ptpress.com.cn
固安县铭成印刷有限公司印刷

◆ 开本：720×1000　1/16
印张：13　　　　　2021 年 5 月第 1 版
字数：199 千字　　2024 年 5 月河北第 9 次印刷

定价：79.80 元

读者服务热线：(010)81055410　印装质量热线：(010)81055316
反盗版热线：(010)81055315
广告经营许可证：京东市监广登字 20170147 号

华为数据通信·基础理论系列

编　委　会

作 者 简 介

华为 WLAN LAB

成立于 2012 年，主要研究方向为与 WLAN 相关的 PHY/MAC/RF 算法、芯片架构以及天线的工程化。WLAN LAB 以华为中方研究人员为主，整合来自华为特拉维夫研究中心的专家团队，共有约 30 人。来自特拉维夫研究中心的多伦 · 埃兹里（Doron Ezri）博士担任 WLAN LAB 主任，在其领导下，WLAN LAB 针对 WLAN 的独特需求，在 UL/DL MU-MIMO、冲突检测、定位算法、智能天线等领域提供了卓有成效的解决方案，为华为 WLAN 产品的商业化提供了有力的支撑。

多伦 · 埃兹里（Doron Ezri）博士

华为数据通信产品线的 Wi-Fi 首席技术官，领导团队进行下一代 Wi-Fi 技术（802.11ax/EHT 及未来标准）、企业和家庭 Wi-Fi AP 以及 Wi-Fi 芯片组（高级 PHY 和 MAC 算法）的研究。在加入华为公司之前，多伦 · 埃兹里是 Greenair Wireless 公司的首席执行官和联合创始人，该公司是一家为 Wi-Fi 和 LTE-A 技术开发高级基带以及 MIMO IP 核的初创公司。在加入 Greenair Wireless 公司之前，多伦 · 埃兹里担任 Runcom Technologies 公司首席技术官，该公司是 WiMAX 的领军企业以及 OFDMA 技术的发源地，他带领团队开发出了世界上首个 OFDMA-MIMO 芯片组（WiMAX Wave 2 MS）。在无线通信领域，多伦 · 埃兹里与他人合著了 1 本图书、合写了 20 篇学术论文，申请了 80 多项专利。多伦 · 埃兹里获得特拉维夫大学（以色列）电气工程博士学位，2007 年至今，他一直在特拉维夫大学担任 MIMO-OFDM 领域研究生课程的授课教师。

希米 · 希洛（Shimi Shilo）

华为特拉维夫研究中心下一代 Wi-Fi 研究团队的负责人，主要研究方向为 802.11ax/EHT 及未来标准的 PHY 和 MAC 技术。在加入华为公司之前，他是 Greenair Wireless 公司的首席技术官和联合创始人，负责为蜂窝技术和 Wi-Fi 技术开发高级基带以及 MIMO IP 核。加入 Greenair Wireless 公司之前，他是 Runcom Technologies 公司的算法工程师，负责开发 OFDMA 和 MIMO 相关的算法，为 IEEE 802.16 标准做出了贡献。在无线通信领域，希米 · 希洛与他人合写了超过 15 篇学术论文，申请了数十项专利。希米 · 希洛获得特拉维夫大学电气工程学士学位、历史和科学哲学硕士学位，以及瑞典查尔姆斯理工大学硕士学位，目前他正在特拉维夫大学攻读电气工程博士学位。

“华为数据通信 · 基础理论系列”序言

20 世纪 30 年代，英国学者李约瑟（Joseph Needham）曾提出这样的疑问：为什么在公元前 1 世纪到公元 15 世纪期间，中国文明在获取自然知识并将其应用于人的实际需要方面要比西方文明更有成效？然而，为什么近代科学蓬勃发展没有出现在中国？这就是著名的“李约瑟难题”，也称“李约瑟之问”。对这个“难题”的理解与回答，中外学者见仁见智。有一种观点认为，在人类探索客观世界的漫长历史中，技术发明曾经长期早于科学研究。古代中国的种种技术应用，更多地来自匠人经验知识的工具化，而不是学者科学研究的产物。

近代以来，科学研究的累累硕果带来了技术应用的爆发和社会的进步。力学、热学基础理论的进步，催生了第一次工业革命；电磁学为电力的应用提供了理论依据，开启了电气化时代；香农（Shannon）创立了信息论，为信息与通信产业奠定了理论基础。如今，重视并加强基础研究已经成为一种共识。在攀登信息通信技术高峰的 30 多年中，华为公司积累了大量成功的工程技术经验。在向顶峰进发的当下，华为深刻认识到自身理论研究的不足，亟待基础理论的突破来指导工程创新，以实现技术持续领先。

“华为数据通信 • 基础理论系列”正是基于这样的背景策划的。2019 年年初，华为公司数据通信领域的专家们从法国驱车前往位于比利时鲁汶的华为欧洲研究院，车窗外下着大雨，专家们在车内热烈讨论数据通信网络的难点问题，不约而同地谈到基础理论突破的困境。由于具有“统计复用”和“网络级方案”的属性，数据通信领域涉及的理论众多，如随机过程与排队论、图论、最优化理论、信息论、控制论等，而与这些理论相关的图书中，适合国内从业者阅读的中文版很少。华为数据通信产品线研发部总裁刘少伟当即表示，我们华为可以牵头，与业界专家一起策划一套丛书，一方面挑选部分经典图书引进翻译，另一方面系统梳理我们自己的研究成果，让从业者及相关专业的高校老师和学生能更系统、更高效地学习理论知识。

在规划丛书选题时，我们考虑到随着通信技术和业务的发展，网络的性能受到了越来越多的关注。在物理层，性能的关键点是提升链路或者 Wi-Fi 信道的容量，这依赖于摩尔定律和香农定律；网络层主要的功能是选路，通常路径上链路的瓶颈决定了整个业务系统所能实现的最佳性能，所以网络层是用户业务体验的上界，业务性能与系统的瓶颈息息相关；传输层及以上是用户业务体验的下界，通过实时反馈精细调节业务的实际发送，网络性能易受到网络服务质量（如时延、丢包）的影响。因此，从整体网络视角来看，网络性能提升优化是对“业务要求+吞吐率+时延+丢包率”多目标函数求最优解的过程。为此，首期我们策划了《排队论基础》（第 5 版）（*Fundamentals of Queueing Theory, Fifth Edition*）、《网络演算：互联网确定性排队系统理论》（*Network Calculus: A Theory of Deterministic Queuing Systems for the Internet*）和《MIMO-OFDM 技术原理》（*Technical Principle of MIMO-OFDM*）这三本书，前两本介绍与网络服务质量保障相关的理论，后一本介绍与 Wi-Fi 空口性能研究相关的技术原理。

由美国乔治 • 华盛顿大学荣誉教授唐纳德 • 格罗斯（Donald Gross）和美国乔治 • 梅森大学教授卡尔 • M. 哈里斯（Carl M. Harris）撰写的《排队论基础》自 1974 年第 1 版问世以来，一直是排队论领域的权威指南，被国外多所高校列为排队论、组合优化、运筹管理相关课程的教材，其内容被 7000 余篇学术论文引用。这本书的作者在将排队论应用于多个现实系统方面有丰富的实践经验，并在 40 多年中不断丰富和优化图书内容。本次引进翻译的是由美国乔治 • 梅森大学教授约翰 • F. 肖特尔（John F. Shortle）、房地美公司架构师詹姆斯 • M. 汤普森（James M. Thompson）、唐纳德 • 格罗斯和卡尔 • M. 哈里斯于 2018 年更新的第 5 版。由让-伊夫 • 勒布代克（Jean-Yves Le Boudec）和帕特里克 • 蒂兰（Patrick Thiran）撰写的《网络演算：互联网确定性排队系统理论》一书于 2002 年首次出版，是两位作者在洛桑联邦理工学院从事网络性能分析研究、系统应用时的学术成果。这本书出版多年来，始终作为网络演算研究者的必读书目，也是网络演算学术论文的必引文献。让-伊夫 • 勒布代克教授的团队在 2018 年开始进行针对时间敏感网络的时延上界分析，其方法就脱胎于《网络演算：互联网确定性排队系统理论》这本书的代数理论框架。本次引进翻译的是作者于

2020 年 9 月更新的最新版本，书中详细的理论介绍和系统分析，对实时调度系统的性能分析和设计具有指导意义。

《MIMO-OFDM 技术原理》的作者是华为 WLAN LAB 以及华为特拉维夫研究中心的专家多伦·埃兹里（Doron Ezri）博士和希米·希洛（Shimi Shilo）。从 2007 年起，多伦·埃兹里一直在特拉维夫大学教授 MIMO-OFDM 技术原理的研究生课程，这本书就是基于该课程讲义编写的中文版本。相比其他 MIMO-OFDM 图书，书中除了给出 MIMO 和 OFDM 原理的讲解外，作者团队还基于多年的工程研究和实践，精心设计了丰富的例题，并给出了详尽的解答，对实际无线通信系统的设计有较强的指导意义。读者通过对例题的研究，可进一步深入地理解 MIMO-OFDM 系统的工程约束和解决方案。

数据通信领域以及整个信息通信技术行业的研究最显著的特点之一是实用性强，理论要紧密结合实际场景的真实情况，通过具体问题具体分析，才能做出真正有价值的研究成果。众多学者看到了这一点，走出了象牙塔，将理论用于实践，在实践中丰富理论，并在著书时鲜明地体现了这一特点。本丛书书目的选择也特别注意了这一点。这里我们推荐一些优秀的图书，比如，排队论方面，可以参考美国卡内基·梅隆大学教授莫尔·哈肖尔-巴尔特（Mor Harchol-Balter）的 *Performance Modeling and Design of Computer Systems: Queueing Theory in Action*（中文版《计算机系统的性能建模与设计：排队论实战》已出版）；图论方面，可以参考加拿大滑铁卢大学两位教授约翰·阿德里安·邦迪（John Adrian Bondy）和乌帕鲁里·西瓦·拉马钱德拉·莫蒂（Uppaluri Siva Ramachandra Murty）合著的 *Graph Theory*；优化方法理论方面，可以参考美国加州大学圣迭戈分校教授菲利普·E. 吉尔（Philip E. Gill）、斯坦福大学教授沃尔特·默里（Walter Murray）和纽约大学教授玛格丽特·H. 怀特（Margaret H. Wright）合著的 *Practical Optimization*；网络控制优化方面，推荐波兰华沙理工大学教授米卡尔·皮奥罗（Michal Pioro）和美国密苏里大学堪萨斯分校的德潘卡·梅迪（Deepankar Medhi）合著的 *Routing, Flow, and Capacity Design in Communication and Computer Networks*；数据通信网络设备的算法设计原则和实践方面，则推荐美国加州大学圣迭戈分校教授乔治·瓦尔盖斯（George Varghese）的 *Network Algorithmics: An Interdisciplinary Approach to Designing Fast Networked Devices*；等等。

基础理论研究是一个长期的、难以快速变现的过程，几乎没有哪个基础科学理论的产生是由于我们事先知道了它的重大意义与作用从而努力研究形成的。但是，如果没有基础理论的突破，眼前所有的繁华都将是镜花水月、空中楼阁。在当前的国际形势下，不确定性明显增加，科技对抗持续加剧，为了不受制于人，更为了有助于全面提升我国的科学技术水平，开创未来 30 年的稳定发展局面，重视基础理论研究迫在眉睫。为此，华为公司将继续加大投入，将每年 20%~30% 的研发费用用于基础理论研究，以提升通信产业的原始创新能力，真正实现“向下扎到根”。华为公司也愿意与学术界、产业界一起，为实现技术创新和产业创新打好基础。

首期三本书的推出只是“华为数据通信 • 基础理论系列”的开始，我们也欢迎各位读者不吝赐教，提出宝贵的改进建议，让我们不断完善这套丛书。如有任何建议，请您发送邮件至 networkinfo@huawei.com，在此表示衷心的感谢。

序

随着 5G 网络的全球部署，无线通信网络已成为数字经济发展的新基石，在现代社会中发挥重要作用。回顾无线通信技术的发展历史，信道容量与传输速率持续增长的需求给无线通信系统的设计带来了巨大的挑战，学术界针对这一挑战提出了大量令人耳目一新的技术方案。

我们知道，无线信号在无线信道环境中以多径的形式传播，无线信道环境的复杂多变使得无线信号在空域、时域、频域呈现动态衰落的特性。一方面，多径引起信号的随机衰落被视为有害因素，可能会让通信系统性能恶化；另一方面，对多径进行空间复用为提升通信系统容量提供了可能性。基于这两方面的考虑，多输入多输出（Multi-Input Multi-Output，MIMO）和正交频分复用（Orthogonal Frequency Division Multiplexing，OFDM）技术成为近年来无线通信领域的研究热点。MIMO 技术在收发端配置多天线，充分利用空间资源，可以在不增加频谱资源和天线发送功率的情况下成倍提高信道容量；OFDM 技术将随机波动的宽带多径信道划分为若干个相互正交的平坦窄带子信道，充分利用频谱资源，具有较好的抗多径衰落能力。二者的有效结合可以克服多径效应和频率选择性衰落带来的不良影响，高效利用空间资源与频谱资源，实现信号传输的高度可靠性，提高系统容量与频谱效率。因此，MIMO-OFDM 技术的提出是无线通信领域的重大突破，在先进的编码和自适应技术的支持下，它成为 4G 及 5G 系统的关键技术，广泛应用于蜂窝通信（LTE）、无线局域网（Wireless LAN）、5G NR 等行业标准，搭起了通向 6G 系统的桥梁。

华为伴随着无线通信系统的发展而崛起，如今已是中国高科技企业的代表，引领着无线通信技术的发展与实践。本书作者华为 WLAN LAB 研究团队、Wi-Fi 首席技术官多伦 · 埃兹里博士、下一代 Wi-Fi 研究团队负责人希米 · 希洛在无线通信领域深耕多年，在学术界和工业界均有较大的影响力，对 MIMO-OFDM 技术有着深刻的理解和感悟。基于作者多年的研发、教学和实践经验，本书高屋建瓴、逻辑清晰，以通俗易懂、深入浅出的方式介绍了 MIMO、OFDM 以及无线信道建模的概念与原理。本书中的推导过程步骤清晰，能够很好地引导读者理解这些技术背后的原理，也彰显了作者深厚的理论功底。本书的一大特色是附有丰富的习题和详细的解答，读者在阅读本书时，结合具体的习题可以更充分地理解 MIMO-OFDM 技术，同时这些习题和解答对工程实践中出现的问题也能有所启发，帮助读者找到解决的思路。

本书既是对 MIMO-OFDM 技术的总结，也为当前的超大规模 MIMO、无蜂窝 MIMO、智能反射面、非正交多址接入（Non-orthogonal Multiple Access，NOMA）等 5G/6G 关键技术的研究提供了理论基础，相信会对无线通信领域的学术界、工业界研究人员有所裨益。

王承祥
欧洲科学院院士，东南大学教授
2021 年 1 月

前　言

在现代通信系统中，MIMO 和 OFDM 技术受到了越来越多的关注，它们能够提高频谱效率，从而极大地增强无线链路质量。MIMO 和 OFDM/OFDMA 注 1 现已被纳入了行业标准（LTE、LTE-A、802.11n/ac/ax 和 5G NR），搭起了通向 6G 无线标准的桥梁。

MIMO 和 OFDM 这两种技术都具有深厚的技术和科学根基。OFDM 技术最早出现在大约 50 年前，于 1998 年崭露头角，被 802.11a 工作组首次引入无线标准中。凭借着简单的收发机设计、高频谱效率以及从容应对各种损耗（主要是多径传播损耗）的能力，OFDM 技术迅速受到了业界的青睐。另一方面，多天线技术早在第二次世界大战中就得以应用，例如在雷达中。然而直到 21 世纪初，通信领域中先进的 MIMO 技术才被引入商业领域。其中，802.11n 和 3G WCDMA/HSPA注 2 均采用了 MIMO 技术的变体，例如空间复用和 Alamouti 空时编码，大大提高了无线性能和吞吐量。现如今，MIMO 和 OFDM/OFDMA 技术已融入各种主流无线标准和系统中，并得到了广泛的应用。所以，广大无线通信领域的工程师和研究人员都应熟练掌握这些概念和技术。

本书由四部分组成。第一部分主要介绍各种 MIMO 模式的基本概念及其性能。首先基于简单的单输入单输出（Single-Input Single-Output，SISO）模型来推导其最大似然（Maximum Likelihood，ML）估计量，并评估该模型在加性高斯白噪声和瑞利信道中的错误概率。然后进一步分析接收分集和发射分集方案，其中重点展示这些基本模型所带来的大幅度的性能增益，并阐述处理后信噪比、分集阶数和阵

注 1：OFDMA 即 Orthogonal Frequency Division Multiple Access，正交频分多址。

注 2：WCDMA 即 Wideband Code Division Multiple Access，宽带码分多址。HSPA 即 High-Speed Packet Access，高速分组接入。

列增益等重要概念。随后介绍各种更高级的 MIMO 方案，主要包括充分利用信道信息的发射波束赋形技术以及显著提高传输速率的空间复用技术。其中，空间复用技术非常重要，但是在空间复用方案下，线性接收机不再是最优选择。因此，这部分还深入分析穷举 ML 检测器的误码率，并给大家分享了一些实用的次优检测器。最后探讨如何将发射波束赋形和空间复用技术相结合，满足单用户场景 [闭环 MIMO（Closed-Loop MIMO，CL-MIMO）] 和多用户场景 [空分多址（Space Division Multiple Access，SDMA）] 下的应用诉求。

本书第二部分详述 OFDM 技术和信道建模的过程。这部分首先描述无线信道的特点，从路径损耗、多径、时延扩展和多普勒扩展等基本概念入手，深入分析多径传播的影响，重点介绍如何选择时间和频率以及它们对通信系统的影响。然后进一步介绍 MIMO 信道概念，阐述多径传播下如何创建空间分集，即 MIMO 的“引擎”，并讨论在实际标准活动中如何模拟 SISO 和 MIMO 信道。在分析无线信道的影响后，重点展示 OFDM 如何减轻这些信道的影响，并阐述诸如循环前缀、保护带、峰均功率比（Peak-to-Average Power Ratio，PAPR）以及时间和频率选择的影响等基本机制。最后，这部分还介绍 OFDM 是如何迅速发展成为当今广为应用的 OFDMA 和 SC-FDMA [注 3]技术的，以及 MIMO 和 OFDM/OFDMA 技术是如何相辅相成、融为一体的（如 LTE_A 和 802.11ac/ax 标准）。

本书第三部分配备丰富的典型问题，并给出详尽的解答，这些典型问题均涉及单个或多个子领域，并且仅仅在特拉维夫大学 2007—2019 年的考试里出现过，这也是本书的独到之处。本书适合想深入了解和学习与 MIMO-OFDM 技术相关的内容的读者（包括研究生）阅读和参考。其中的部分问题十分切合工程师的实际工作，例如 IQ 不平衡对 OFDM 信号的影响、用于 MIMO 检测的降维，以及在不修改预编码的情况下增加接收天线对波束赋形产生的影响（这也是特拉维夫大学博士研究的一项成果）。

本书第四部分为附录，给出了一些扩展知识。

衷心感谢华为数据通信产品线研发和管理团队一直以来对本书的出版给予的大力支持，尤其要感谢刘少伟先生、王建兵先生、钱骁先生、付洁女士、江兴烽先

注 3: SC-FDMA 即 Single Carrier Frequency Division Multiple Access，单载波频分多址。

生和董亭亭女士。感谢许生凯、卢智聪、马梓翔、李坚、肖后飞对本书提出的校对意见及修改建议。我们还要感谢曾就读于特拉维夫大学相关专业的学生们，感谢他们对本书提出的意见和建议，帮助我们使本书更加完善。

期望本书能够让电子信息相关专业的研究生和通信工程师有所收获，助其夯实科学技术积累和技能，从而在最前沿的无线通信研发中砥砺前行、大有作为。

目　录

第一部分　MIMO 的基本概念

第二部分 MIMO-OFDM 的应用

第三部分 习题与答案

第四部分　附　录

第一部分

MIMO的基本概念

第 1 章 SISO

1.1 系统模型和 ML 接收机

我们从最简单的单输入单输出（Single-Input Single-Output，SISO）系统的例子开始介绍，如图 1-1 所示，SISO 系统具有单个发射天线和单个接收天线。接收信号 y 满足：

$$y = hs + \rho n \tag{1.1}$$

其中，h 为（复值）信道响应[注 1]，s 为承载 2 bit 的 QPSK 符号（见图 1-2），ρ 为噪声强度，n 为零均值的复正态随机变量，方差为 1[注 2]。因此，对于给定的 h，其对应的信噪比（Signal-to-Noise Ratio，SNR）为：

$$\text{SNR}(h) = \frac{|h|^2}{\rho^2}$$

接收机通过观测量 y 来估计传输的符号（或比特）。假设接收机已经知道信道响应 h。

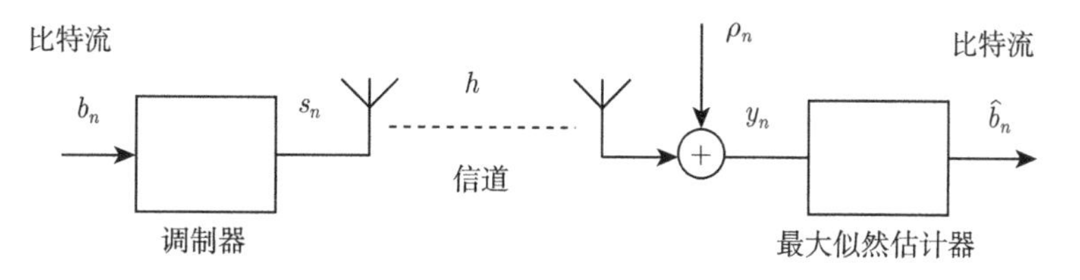

图 1-1　SISO 通信系统

注 1：在附录 A 中给出了信道响应 h 统计特征的物理解释。

注 2：关于循环对称复正态分布的定义，参见附录 B。

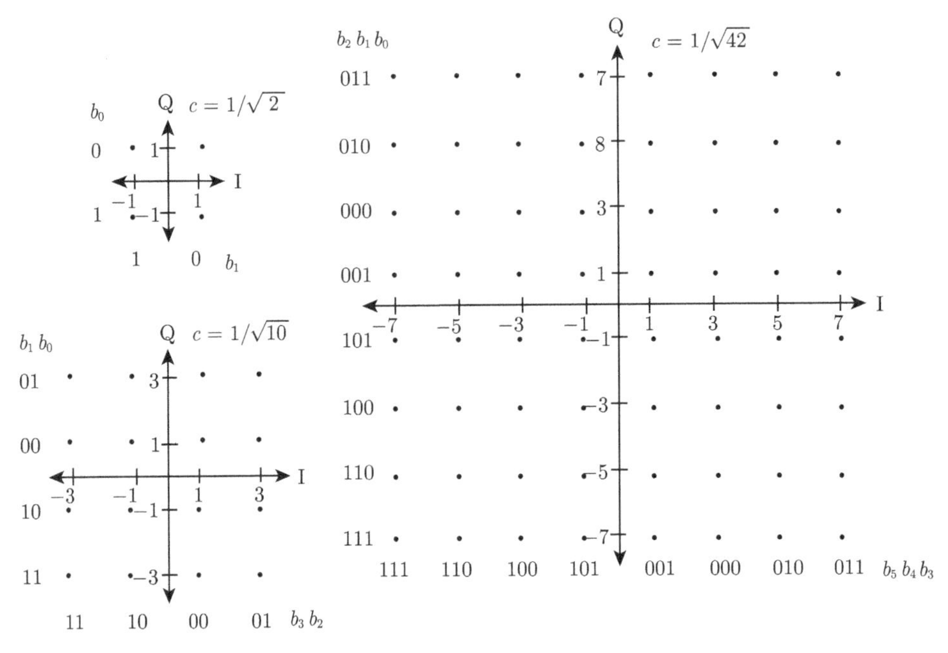

图 1-2　QPSK、16QAM、64QAM 调制

⚠ **注意**

在归一化的 QAM 中，假设 n bit/symbol，$d_{\min}=\dfrac{1}{\sqrt{\dfrac{2^n-1}{6}}}$。

最大后验概率（Maximum a posteriori Probability，MAP）接收机会在给定观测量 y 的情况下，计算最可能的符号 $\tilde{s}$。假设所有符号等概率发送，得到最大似然（Maximum Likelihood，ML）检测器：

$$\tilde{s}=\underset{s\in \mathrm{QPSK}}{\arg\max}\ p(y|s) \tag{1.2}$$

利用 y 的条件概率密度 注 3，ML 检测器采用以下形式：

注 3：注意以 s（和 h）为限定条件，y 是复正态随机变量，其均值为 hs，方差为 ρ^2。关于复正态分布的概率密度函数（Probability Density Function，PDF），参见附录 B。

$$\tilde{s} = \arg\max_{s\in\text{QPSK}} \frac{1}{\pi\rho^2} \exp\left(-\frac{|y-hs|^2}{\rho^2}\right) \tag{1.3}$$

由于指数是一个单调函数，ML 检测器可以被改写为：

$$\begin{aligned}\tilde{s} &= \arg\min_{s\in\text{QPSK}} |y-hs|^2 \\ &= \arg\min_{s\in\text{QPSK}} |\hat{s}-s|^2\end{aligned} \tag{1.4}$$

其中 $\hat{s}=\dfrac{y}{h}$。

ML 检测器如式（1.4）表示，将与 $\hat{s}$ 距离最近的星座点作为对每个发送符号的估计。

- 在这个简单的例子中，除以 h 起到了均衡（补偿信道效应）的作用。
- 在编码系统中，ML 估计（硬判决）的符号用处不大。编码系统中会计算每一个传输比特的对数似然比（Log-Likelihood Ratio，LLR），用于符号的软判决（详见附录 C）。

1.2　错误概率评估

现在对错误概率进行评估。注意到：

$$\hat{s} = s + \frac{\rho}{h} n \tag{1.5}$$

因此，给定 h 的错误概率的上界为：

$$\begin{aligned}\Pr\{\text{error}|\, h\} &\leqslant \Pr\left\{\left|\frac{\rho}{h}n\right| > \frac{d_{\min}}{2}\,\middle|\, h\right\} \\ &= \Pr\left\{|n| > \frac{|h|\, d_{\min}}{2\rho}\,\middle|\, h\right\} \\ &= \int_{|h|d_{\min}/2\rho}^{\infty} 2z\exp\left(-z^2\right)\mathrm{d}z\end{aligned} \tag{1.6}$$

其中，$z=|n|$，它是 $\sigma^2=\frac{1}{2}$ 的瑞利分布 [注 4]。在 QPSK 中，$d_{\min}=\sqrt{2}$（见图 1-2）。计算式 (1.6) 中的积分，当 h 已知时，错误概率为：

$$\Pr\{\text{error}|h\}\leqslant\exp\left(-\frac{|h|^2}{2\rho^2}\right)=\exp\left(-\frac{\text{SNR}(h)}{2}\right)\tag{1.7}$$

其中，SNR(h) 是在给定 h 情况下的信噪比（瞬时信噪比）。具体来说，在加性高斯白噪声（Additive White Gaussian Noise，AWGN）中（$h=1$），会有：

$$\Pr\{\text{error}\}\leqslant\exp\left(-\frac{1}{2\rho^2}\right)=\exp\left(-\frac{\text{SNR}}{2}\right)\tag{1.8}$$

当然，SNR 是恒定的，等于 $\frac{1}{\rho^2}$。

现在假设 h 是随机的，事情会变得更有趣。具体来说，假设 h 是一个复正态随机变量，其方差为 1[注 5]（独立于 n），所以平均 SNR 是 $\frac{1}{\rho^2}$。为了获得无条件错误概率，对式 (1.7) 中的复正态分布 h 进行平均，得出：

$$\begin{aligned}\Pr\{\text{error}\}&=\int_{h\in\mathbb{C}}\Pr\{\text{error}|h\}\,p(h)\,\mathrm{d}h\\&\leqslant\int_{h\in\mathbb{C}}\exp\left(-\frac{|h|^2}{2\rho^2}\right)\frac{1}{\pi}\exp\left(-|h|^2\right)\,\mathrm{d}h\\&=\frac{1}{\pi}\int_{h\in\mathbb{C}}\exp\left(-\left(1+\frac{1}{2\rho^2}\right)|h|^2\right)\,\mathrm{d}h\end{aligned}\tag{1.9}$$

参见附录 B，使用式 (B.7)，式 (1.9) 式可简化为：

$$\Pr\{\text{error}\}\leqslant\frac{1}{1+\frac{1}{2\rho^2}}=\frac{1}{1+\frac{\text{SNR}}{2}}\tag{1.10}$$

注 4：复正态随机变量 $x+\mathrm{j}y$ 的绝对值 z 是参数为 σ 的瑞利分布，其中 x 和 y 为零均值，方差为 σ^2 的实值高斯随机变量，x 和 y 是独立同分布 (Independent Identical Distribution，i.i.d) 的。瑞利分布的 PDF 为 $p(z)=\frac{1}{\sigma^2}z\exp\left(-\frac{z^2}{2\sigma^2}\right), z\geqslant 0$。

注 5：关于瑞利衰落假设（信道增益为瑞利分布），参见附录 D。

在瑞利衰落的情况下，式 (1.10) 表示这一错误概率显示了瑞利信道对性能的影响 [与式 (1.8) 相比，两种情况下，发射机、接收机和平均信噪比都是相同的]。图 1-3 给出了 SISO 在 AWGN 和瑞利信道中的符号错误率（Symbol Error Rate，SER）曲线。

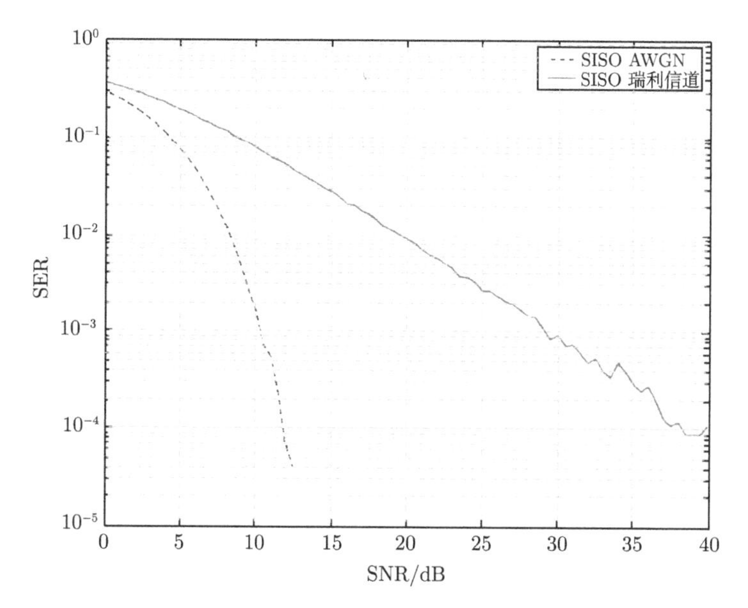

图 1-3　SISO 在 AWGN 和瑞利信道中的 SER 曲线

第2章 接收分集——最大比合并

2.1 系统模型和 ML 接收机

我们从单输入多输出（Single-Input Multiple-Output，SIMO）系统的例子开始介绍，其中接收机有 N 个接收天线，如图 2-1 所示。在这种情况下，测量向量 $\boldsymbol{y}$ 的数学模型为：

$$\boldsymbol{y} = \boldsymbol{h}s + \rho\boldsymbol{n} \tag{2.1}$$

其中，信道向量 $\boldsymbol{h}$ 的元素 h_i 是方差为 1 的复正态随机变量，噪声向量 $\boldsymbol{n}$ 的元素 n_i 也是方差为 1 的复正态随机变量，两者相互独立。

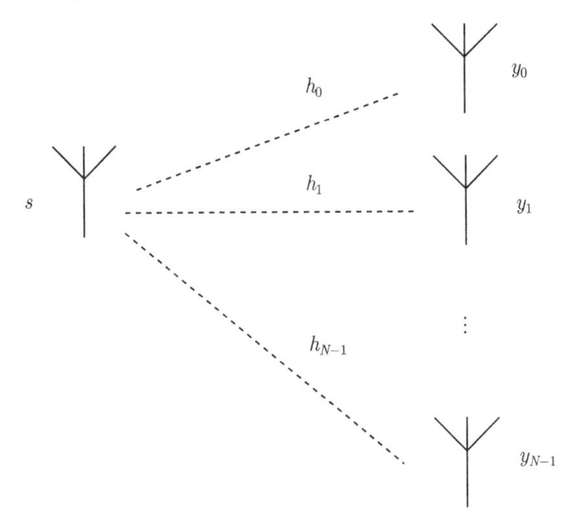

图 2-1　最大比合并配置

假设接收机已知 $\boldsymbol{h}$，利用 SISO 例子中的方法，来获取 SIMO 的 ML 检测器 $\tilde{s}$，这种情况下，$\tilde{s}$ 的表达式就变成：

$$\begin{aligned}\tilde{s} &= \underset{s\in\text{QPSK}}{\arg\max}\ \exp\left(-\frac{\|\boldsymbol{y}-\boldsymbol{h}s\|^2}{\rho^2}\right)\\ &= \underset{s\in\text{QPSK}}{\arg\min}\,\|\boldsymbol{y}-\boldsymbol{h}s\|^2\end{aligned} \tag{2.2}$$

式 (2.2) 在 $\|\boldsymbol{y}-\boldsymbol{h}s\|^2$ 的最小二乘（Least Square，LS）解处取得全局最小值（见附录 E）：

$$\hat{s} = (\boldsymbol{h}^*\boldsymbol{h})^{-1}\boldsymbol{h}^*\boldsymbol{y} = \frac{\boldsymbol{h}^*\boldsymbol{y}}{\|\boldsymbol{h}\|^2} \tag{2.3}$$

而 $\|\boldsymbol{y}-\boldsymbol{h}s\|^2$ 可以改写为：

$$\begin{aligned}\|\boldsymbol{y}-\boldsymbol{h}s\|^2 &= \|\boldsymbol{y}-\boldsymbol{h}\hat{s}+\boldsymbol{h}\hat{s}-\boldsymbol{h}s\|^2\\ &= \|(\boldsymbol{y}-\boldsymbol{h}\hat{s})+(\boldsymbol{h}\hat{s}-\boldsymbol{h}s)\|^2\\ &= \|\boldsymbol{y}-\boldsymbol{h}\hat{s}\|^2+\|\boldsymbol{h}(\hat{s}-s)\|^2+2\text{Re}\left\{(\boldsymbol{y}-\boldsymbol{h}\hat{s})^*\boldsymbol{h}(\hat{s}-s)\right\}\end{aligned} \tag{2.4}$$

由于 $\hat{s}$ 最小二乘解的性质，上式等号右边的最后一项为 0：

$$(\boldsymbol{y}-\boldsymbol{h}\hat{s})^*\boldsymbol{h} = \boldsymbol{y}^*\boldsymbol{h}-\hat{s}^*\|\boldsymbol{h}\|^2 = \boldsymbol{y}^*\boldsymbol{h}-\frac{\boldsymbol{y}^*\boldsymbol{h}}{\|\boldsymbol{h}\|^2}\|\boldsymbol{h}\|^2 = 0 \tag{2.5}$$

所以 $\|\boldsymbol{y}-\boldsymbol{h}s\|^2$ 可以继续简化为：

$$\|\boldsymbol{y}-\boldsymbol{h}s\|^2 = \|\boldsymbol{y}-\boldsymbol{h}\hat{s}\|^2+\|\boldsymbol{h}(\hat{s}-s)\|^2 = C+\|\boldsymbol{h}\|^2|\hat{s}-s|^2 \tag{2.6}$$

因此，在接收分集的情况下，式 (2.2) 这一 ML 检测器可简化为：

$$\tilde{s} = \underset{s\in\text{QPSK}}{\arg\min}\,|\hat{s}-s|^2 \tag{2.7}$$

其中，$\hat{s}$ 为最小二乘解 [见式 (2.3)]。

上述结果表明，在接收分集场景中，最优解是先对 s 做最小二乘估计，得到 $\hat{s}$，随后的处理与 SISO 相同。

在接收分集的情况下，最小二乘解也被称为最大比合并（Maximum Ratio Combining，MRC）[15−16]。当接收天线数为 2 时，式 (2.3) 可写作：

$$\hat{s} = \frac{h_0^* y_0 + h_1^* y_1}{|h_0|^2 + |h_1|^2} \tag{2.8}$$

这意味着，先将信道的相位影响从每个天线接收的信号中去除，然后根据信道强度（每天线 SNR），对去除信道相位影响的信号进行加权求和。

2.2 错误概率评估

在式 (2.3) 中代入式 (2.1)，会得到：

$$\begin{aligned}\hat{s} &= \frac{\boldsymbol{h}^*(\boldsymbol{h}s + \rho\boldsymbol{n})}{\|\boldsymbol{h}\|^2} \\ &= s + \rho\frac{\boldsymbol{h}^*\boldsymbol{n}}{\|\boldsymbol{h}\|^2}\end{aligned} \tag{2.9}$$

注意噪声项的方差为 $\frac{\rho^2}{\|\boldsymbol{h}\|^2}$，因此经过 MRC 合并后的 SNR，即处理后 SNR（post-processing SNR，ppSNR）为 $\frac{\|\boldsymbol{h}\|^2}{\rho^2}$。因此，对于给定的 $\boldsymbol{h}$，其错误概率与式 (1.6) 类似：

$$\begin{aligned}\Pr\{\text{error}|\boldsymbol{h}\} &\leqslant \int_{\|\boldsymbol{h}\|d_{\min}/2\rho}^{\infty} 2z\exp\left(-z^2\right)\mathrm{d}z \\ &= \exp\left(-\frac{\|\boldsymbol{h}\|^2}{2\rho^2}\right)\end{aligned} \tag{2.10}$$

通过对式 (2.10) 基于复正态分布 $\boldsymbol{h}$ 进行平均，得出错误概率：

$$\begin{aligned}\Pr\{\text{error}\} &= \int_{\boldsymbol{h}\in\mathbb{C}^N} \Pr\{\text{error}|\boldsymbol{h}\}\, p(\boldsymbol{h})\,\mathrm{d}\boldsymbol{h} \\ &\leqslant \int_{\boldsymbol{h}\in\mathbb{C}^N} \exp\left(-\frac{\|\boldsymbol{h}\|^2}{2\rho^2}\right)\frac{1}{\pi^N}\exp\left(-\|\boldsymbol{h}\|^2\right)\mathrm{d}\boldsymbol{h} \\ &= \frac{1}{\pi^N}\int_{\boldsymbol{h}\in\mathbb{C}^N} \exp\left(-\boldsymbol{h}^*\left[\left(1 + \frac{1}{2\rho^2}\right)\boldsymbol{I}\right]\boldsymbol{h}\right)\mathrm{d}\boldsymbol{h}\end{aligned} \tag{2.11}$$

参考附录 B，使用式 (B.7)，式 (2.11) 的上界可以简化为 [注 1]：

$$\Pr\{\text{error}\} \leqslant \frac{1}{\left(1+\frac{1}{2\rho^2}\right)^N} = \frac{1}{\left(1+\frac{\text{SNR}}{2}\right)^N} \tag{2.12}$$

可见，接收分集大大降低了错误概率。直观来看，这种结论可以从表达式 $\text{E}|\hat{s}-s|^2 = \rho^2/\|\boldsymbol{h}\|^2$ 中推导出来，隐含于式 (2.9) 中。估计误差的方差取决于所有信道的绝对值，而不仅仅是 SISO 情况下的一个信道。此外，在白噪声信道的情况下，MRC 只是对来自多天线的信号进行平均，将估计误差的方差减小为原来的 $1/N$。

在这一点上，先介绍 MIMO 中的两个重要概念。

- 首先是分集阶数（Diversity Order，DO）：

$$\text{DO} = -\lim_{\text{SNR}\to\infty} \frac{\ln \Pr\{\text{error}\}}{\ln \text{SNR}} \tag{2.13}$$

  这是错误概率曲线在高信噪比时的斜率。

- 第二个是阵列增益（Array Gain，AG），定义为 ppSNR 与 SNR 的增益：

$$\text{AG} = \frac{\text{E[ppSNR]}}{\text{SNR}} \tag{2.14}$$

AG 的另一种更有意义的定义（从性能角度来看）可能与之前的定义不一致，那就是相对于错误概率曲线（比如，QPSK 曲线）的偏移：

$$\text{AG} = \frac{1}{\left(1+\frac{\text{SNR}}{2N}\right)^N} \tag{2.15}$$

在接收分集的情况下，DO 和 AG（根据两个定义）都等于 N。具有 2 个和 4 个接收天线的 MRC 的 SER 曲线如图 2-2 所示。

注 1：这里使用恒等式 $\det(\alpha\boldsymbol{A}) = \alpha^N \det \boldsymbol{A}$，其中 $\boldsymbol{A}$ 是 $N\times N$ 矩阵。

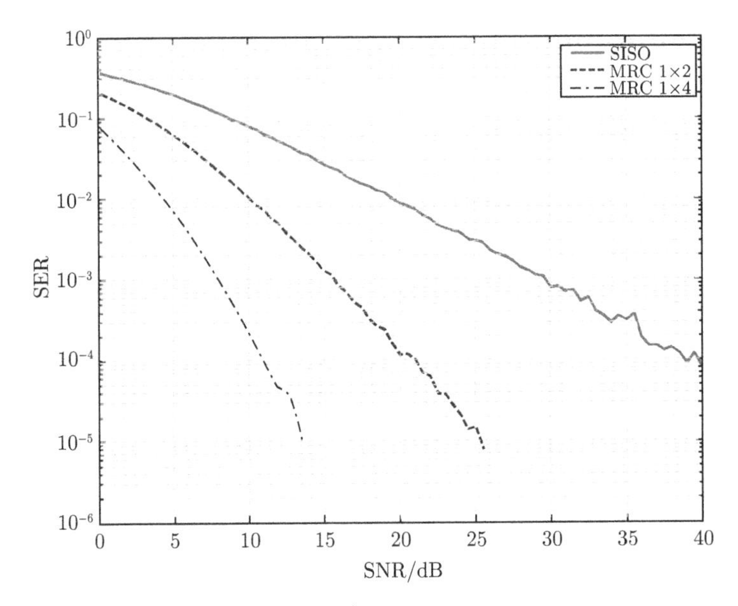

图 2-2　MRC 1×2[注 2] 和 1×4 的 SER 曲线

注 2: 文中的 $N\times M$ 均表示 N 个接收天线、M 个发射天线的情况。

第3章 发射分集——空时编码

3.1 系统模型和 ML 接收机

在许多情况下，在接收机上部署多个接收天线是不切实际的，因此自然而然出现了一个问题：是否可以通过多个发射天线来实现和 MRC 相当的 DO 和 AG？先从一个简单的方案开始分析，从 2 个发射天线发射相同的符号 s（用适当的缩放比例 $1/\sqrt{2}$，以保证单位发送功率），如图 3-1 所示。单个接收天线接收的信号模型是：

$$y = h_0 \frac{1}{\sqrt{2}} s + h_1 \frac{1}{\sqrt{2}} s + \rho n \\ = \frac{1}{\sqrt{2}}(h_0 + h_1) s + \rho n \tag{3.1}$$

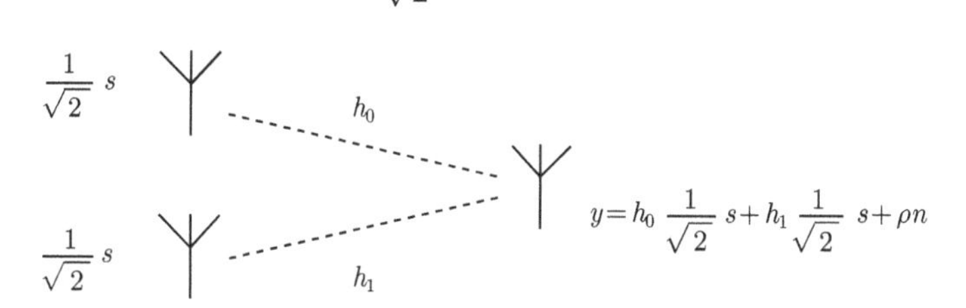

图 3-1 简单的发射分集方案

当 h_0 和 h_1 是相互独立的瑞利分布时，$\tilde{h}$ 是复正态随机变量，其均值为 0，方差为 1。

$$\tilde{h} = \frac{1}{\sqrt{2}}(h_0 + h_1) \tag{3.2}$$

这意味着将得到与 SISO 完全相同的模型，可以说我们其实什么也没得到。所以我们要考虑其他的方法。

发射分集中最突出的方法之一是阿拉莫提（Alamouti）空时编码（Space-Time Code，STC）[2]，它适用于两个发射天线的情况。除了使用空间域信息（如 MRC）之外，STC 还进一步使用时域信息。

在 Alamouti 空时编码的方案中，传输是基于两个发射天线和成对的时隙完成的，如图 3-2 所示。

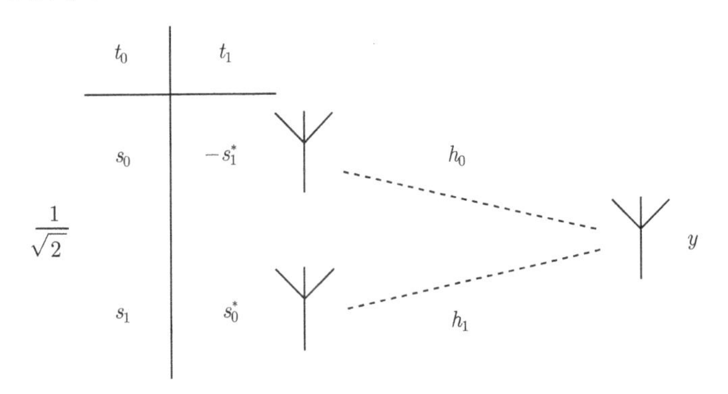

图 3-2　STC 2×1 配置

当接收天线数为 1 时，对应第 i 个时隙的数学模型是：

$$y(i) = \begin{bmatrix} h_0 & h_1 \end{bmatrix} \begin{bmatrix} x_0(i) \\ x_1(i) \end{bmatrix} + \rho n \tag{3.3}$$

其中 $y(i)$ 是在时间点 i 于接收天线处的测量值，$x_0(i)$ 是在时间点 i 从发射天线 0 发射的信号，而 $x_1(i)$ 是在时间点 i 从发射天线 1 发射的信号。

Alamouti 的传输方案是：

$$\begin{bmatrix} x_0(0) & x_0(1) \\ x_1(0) & x_1(1) \end{bmatrix} = \frac{1}{\sqrt{2}} \begin{bmatrix} s_0 & -s_1^* \\ s_1 & s_0^* \end{bmatrix} \tag{3.4}$$

这意味着只有一个数据流从发射天线发射，其传输速率与 SISO 的传输速率相同。系数 $\frac{1}{\sqrt{2}}$ 确保总传输功率与 SISO 的情况保持一致。

假设两个时隙的信道相同，则聚合的接收信号为：

$$\underbrace{\begin{bmatrix} y(0) \\ y^*(1) \end{bmatrix}}_{\boldsymbol{y}} = \underbrace{\frac{1}{\sqrt{2}} \begin{bmatrix} h_0 & h_1 \\ h_1^* & -h_0^* \end{bmatrix}}_{\boldsymbol{\mathcal{H}}} \underbrace{\begin{bmatrix} s_0 \\ s_1 \end{bmatrix}}_{\boldsymbol{s}} + \rho \boldsymbol{n} \tag{3.5}$$

用 $\boldsymbol{\mathcal{H}}$ 而不仅仅是 $\boldsymbol{H}$ 来表示在 $\boldsymbol{s}$ 上运行的线性变换，是为了强调它不是物理信道，而是由 STC 传输方案创建的等效信道。这里要注意 $\boldsymbol{\mathcal{H}}$ 的列是正交的[注1]。

$$\begin{bmatrix} h_0 \\ h_1^* \end{bmatrix}^* \begin{bmatrix} h_1 \\ -h_0^* \end{bmatrix} = [h_0^* \quad h_1] \begin{bmatrix} h_1 \\ -h_0^* \end{bmatrix} = 0 \tag{3.6}$$

假设接收机拥有 $\boldsymbol{\mathcal{H}}$，一样得到 ML 检测器。在这种情况下，$\boldsymbol{s}$ 的 ML 检测器 $\tilde{\boldsymbol{s}}$ 的表达式变为：

$$\tilde{\boldsymbol{s}} = \underset{\boldsymbol{s}\in\text{QPSK}^2}{\arg\min} \|\boldsymbol{y} - \boldsymbol{\mathcal{H}}\boldsymbol{s}\|^2 \tag{3.7}$$

式 (3.7) 中的 $\|\boldsymbol{y} - \boldsymbol{\mathcal{H}}\boldsymbol{s}\|^2$ 可以改写为：

$$(\hat{\boldsymbol{s}} - \boldsymbol{s})^*(\boldsymbol{\mathcal{H}}^*\boldsymbol{\mathcal{H}})(\hat{\boldsymbol{s}} - \boldsymbol{s}) \tag{3.8}$$

其中，$\hat{\boldsymbol{s}}$ 是给定测量值 $\boldsymbol{y}$ 的情况下 $\boldsymbol{s}$ 的最小二乘解，满足：

$$\hat{\boldsymbol{s}} = \boldsymbol{\mathcal{H}}^+\boldsymbol{y} \tag{3.9}$$

其中，$\boldsymbol{\mathcal{H}}^+$ 是 $\boldsymbol{\mathcal{H}}$ 的伪逆，定义为 $(\boldsymbol{\mathcal{H}}^*\boldsymbol{\mathcal{H}})^{-1}\boldsymbol{\mathcal{H}}^*$。

在 Alamouti 方案中，$\boldsymbol{\mathcal{H}}$ 是一个缩放的酉矩阵，因此可以得到：

$$\boldsymbol{\mathcal{H}}^*\boldsymbol{\mathcal{H}} = \frac{|h_0|^2 + |h_1|^2}{2}\boldsymbol{I} \tag{3.10}$$

$\boldsymbol{\mathcal{H}}$ 的这个属性可能是 Alamouti 方案中最重要的部分。使用式 (3.10)，将式 (3.8) 转换为：

$$\frac{|h_0|^2 + |h_1|^2}{2}\|\hat{\boldsymbol{s}} - \boldsymbol{s}\|^2 \tag{3.11}$$

所以 ML 检测器变成：

$$\begin{aligned} \tilde{\boldsymbol{s}} &= \underset{\boldsymbol{s}\in\text{QPSK}^2}{\arg\min} \|\hat{\boldsymbol{s}} - \boldsymbol{s}\|^2 \\ &= \underset{\boldsymbol{s}\in\text{QPSK}^2}{\arg\min} \left(|\hat{s}_0 - s_0|^2 + |\hat{s}_1 - s_1|^2\right) \end{aligned} \tag{3.12}$$

注 1：这意味着在 AWGN 中，每个符号（以 MRC 方式）可以单独地解码，而无须考虑其他符号。类似的，在 I/Q 调制中使用相互正交的正弦和余弦分别调制 I 分量和 Q 分量。

或者：

$$\begin{aligned}\tilde{s}_0 &= \underset{s_0 \in \text{QPSK}}{\arg\min} |\hat{s}_0 - s_0|^2 \\ \tilde{s}_1 &= \underset{s_1 \in \text{QPSK}}{\arg\min} |\hat{s}_1 - s_1|^2\end{aligned} \tag{3.13}$$

这意味着在 STC 中，ML 接收机先计算最小二乘解，然后独立地对每个符号 s_0、s_1 进行常规 SISO 处理。

3.2 错误概率评估

按照前面的描述，用 LS 方程 (3.9) 中的 $\hat{\boldsymbol{s}}$ 代替式 (3.5) 中的 $\boldsymbol{s}$，即得到：

$$\begin{aligned}\hat{\boldsymbol{s}} &= (\boldsymbol{\mathcal{H}}^*\boldsymbol{\mathcal{H}})^{-1}\boldsymbol{\mathcal{H}}^*(\boldsymbol{\mathcal{H}}\boldsymbol{s} + \rho\boldsymbol{n}) \\ &= \boldsymbol{s} + \frac{2\rho}{|h_0|^2 + |h_1|^2}\boldsymbol{\mathcal{H}}^*\boldsymbol{n}\end{aligned} \tag{3.14}$$

这意味着噪声项的协方差矩阵是：

$$\frac{2\rho^2}{|h_0|^2 + |h_1|^2}\boldsymbol{I} \tag{3.15}$$

除了因子 2 以外，它与 MRC 情况相同。因子 2 意味着 AG 减小了 3 dB。因此 STC 的 AG 是 1。

由于 LS 之后噪声部分的方差的表达式与 MRC 中的表达式相同（除了因子 2），则错误概率采用以下形式：

$$\Pr\{\text{error}\} \leqslant \frac{1}{\left(1 + \frac{1}{4\rho^2}\right)^2} = \frac{1}{\left(1 + \frac{\text{SNR}}{4}\right)^2} \tag{3.16}$$

这意味着 DO 等于 2，正如具有 2 个接收天线的 MRC，但 AG 为 1，这意味着没有 AG。STC 2×1 的 SER 曲线如图 3-3 所示。另外，还给出了 MRC 1×2 的 SER 曲线，以显示曲线之间 3 dB 的差异和相同的 DO。

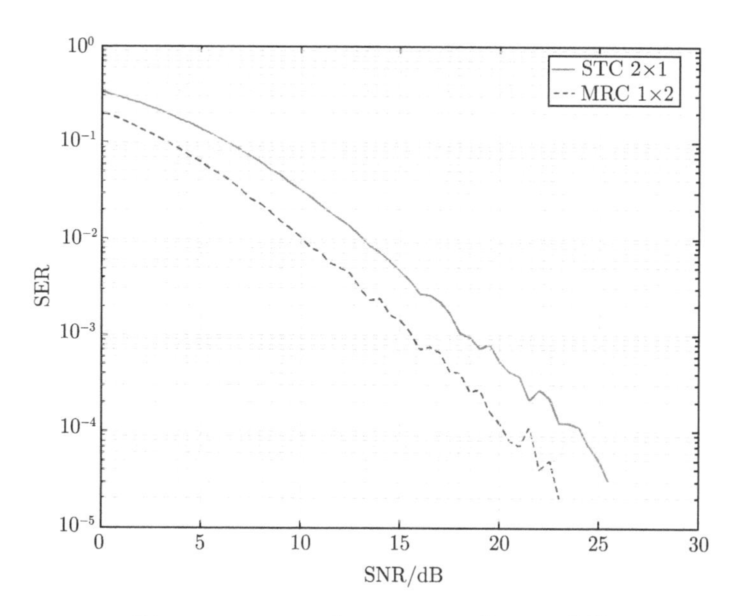

图 3-3　STC 2×1 和 MRC 1×2 的 SER 曲线

3.3　收发分集——STC+MRC

3.3.1　系统模型和 ML 接收机

前面的描述显示，具有 2 个发射天线的 STC 可以提供的 DO 为 2，但是没有提供 AG。同时，N 个接收天线的 MRC 可以提供的 DO 为 N，AG 为 N。所以，一个很自然的想法就是融合 STC 发送与多天线的接收分集。

这里考虑一个具有 2 个发射天线、N 个接收天线的 MIMO 阵列，2 个发射天线按照 STC 方式发送数据。该 MIMO 系统如图 3-4 所示。

在两个时隙聚合的第 n 个接收天线的接收信号模型与式 (3.5) 相同：

$$\underbrace{\begin{bmatrix} y_n(0) \\ y_n^*(1) \end{bmatrix}}_{\boldsymbol{y}_n} = \underbrace{\frac{1}{\sqrt{2}}\begin{bmatrix} h_{n,0} & h_{n,1} \\ h_{n,1}^* & -h_{n,0}^* \end{bmatrix}}_{\boldsymbol{\mathcal{H}}_n} \underbrace{\begin{bmatrix} s_0 \\ s_1 \end{bmatrix}}_{\boldsymbol{s}} + \rho \boldsymbol{n}_n \tag{3.17}$$

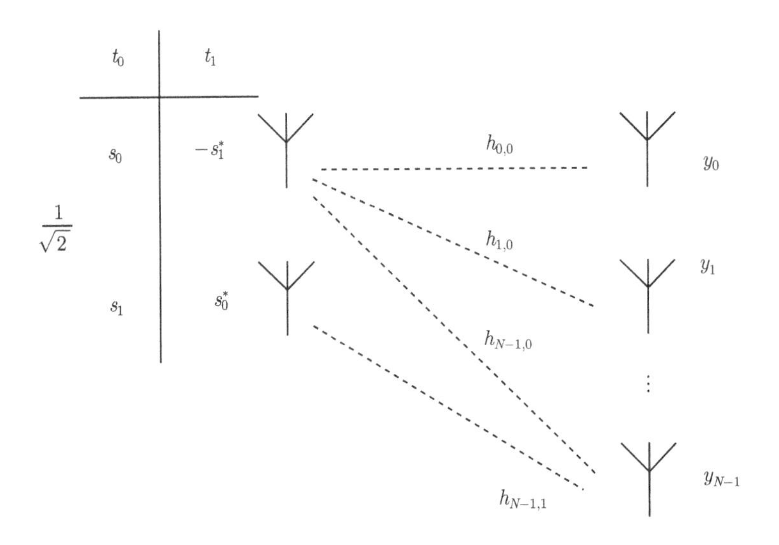

图 3-4 接收分集配置下的 STC

因此，整个系统模型为：

$$\underbrace{\begin{bmatrix} \boldsymbol{y}_0 \\ \boldsymbol{y}_1 \\ \vdots \\ \boldsymbol{y}_{N-1} \end{bmatrix}}_{\boldsymbol{y}} = \underbrace{\begin{bmatrix} \boldsymbol{\mathcal{H}}_0 \\ \boldsymbol{\mathcal{H}}_1 \\ \vdots \\ \boldsymbol{\mathcal{H}}_{N-1} \end{bmatrix}}_{\mathscr{H}} \underbrace{\begin{bmatrix} s_0 \\ s_1 \end{bmatrix}}_{\boldsymbol{s}} + \rho \boldsymbol{n} \tag{3.18}$$

这里 $\boldsymbol{y}$ 和 $\boldsymbol{n}$ 是长度为 $2N$ 的向量，$\mathscr{H}$ 的列也是正交的：

$$\begin{aligned} \mathscr{H}^* \mathscr{H} &= \begin{bmatrix} \boldsymbol{\mathcal{H}}_0^* & \boldsymbol{\mathcal{H}}_1^* & \cdots & \boldsymbol{\mathcal{H}}_{N-1}^* \end{bmatrix} \begin{bmatrix} \boldsymbol{\mathcal{H}}_0 \\ \boldsymbol{\mathcal{H}}_1 \\ \vdots \\ \boldsymbol{\mathcal{H}}_{N-1} \end{bmatrix} \\ &= \sum_{n=0}^{N-1} \boldsymbol{\mathcal{H}}_n^* \boldsymbol{\mathcal{H}}_n = \frac{1}{2} \sum_{n=0}^{N-1} (|h_{n,0}|^2 + |h_{n,1}|^2) \boldsymbol{I} \end{aligned} \tag{3.19}$$

因此，ML 接收机意味着对最小二乘解的输出进行 SISO 处理。在每个天线上使用最小二乘解 $\hat{s}_n$，其最小二乘解形式如下：

$$
\begin{aligned}
\hat{\boldsymbol{s}} &= (\mathscr{H}^* \mathscr{H})^{-1} \mathscr{H}^* \boldsymbol{y} \\
&= \frac{1}{\frac{1}{2}\sum_{n=0}^{N-1}(|h_{n,0}|^2 + |h_{n,1}|^2)} \left[\begin{array}{cccc} \boldsymbol{\mathcal{H}}_0^* & \boldsymbol{\mathcal{H}}_1^* & \cdots & \boldsymbol{\mathcal{H}}_{N-1}^* \end{array} \right] \left[\begin{array}{c} \boldsymbol{y}_0 \\ \boldsymbol{y}_1 \\ \vdots \\ \boldsymbol{y}_{N-1} \end{array} \right] \\
&= \frac{\sum_{n=0}^{N-1}(|h_{n,0}|^2 + |h_{n,1}|^2)\hat{\boldsymbol{s}}_n}{\sum_{n=0}^{N-1}(|h_{n,0}|^2 + |h_{n,1}|^2)}
\end{aligned} \tag{3.20}
$$

其中分配给第 n 个天线最小二乘解的权重是 $|h_{n,0}|^2 + |h_{n,1}|^2$，与 ppSNR 成比例。

3.3.2　错误概率评估

利用最小二乘解 $\hat{s}$ 的形式为：

$$
\begin{aligned}
\hat{\boldsymbol{s}} &= (\mathscr{H}^* \mathscr{H})^{-1} \mathscr{H}^* (\mathscr{H} \boldsymbol{s} + \rho \boldsymbol{n}) \\
&= \boldsymbol{s} + \frac{2\rho}{\sum_{n=0}^{N-1}(|h_{n,0}|^2 + |h_{n,1}|^2)} \mathscr{H}^* \boldsymbol{n}
\end{aligned} \tag{3.21}
$$

其噪声项的协方差矩阵为：

$$
\frac{2\rho^2}{\sum_{n=0}^{N-1}(|h_{n,0}|^2 + |h_{n,1}|^2)} \boldsymbol{I} \tag{3.22}
$$

上式意味着值 AG 为 N。错误概率与前面所述相同，为：

$$
\Pr\{\text{error}\} \leqslant \frac{1}{\left(1 + \frac{1}{4\rho^2}\right)^{2N}} = \frac{1}{\left(1 + \frac{\text{SNR}}{4}\right)^{2N}} \tag{3.23}
$$

这意味着 DO 为 $2N$。可以很清晰地发现，STC 提供的 DO 为 2，MRC 提供的 DO 为 N，因此总的 DO 为 $2N$。STC 2×2 的 SER 曲线如图 3-5 所示，注意在 STC 2×1 和 STC 2×2 条件下 DO 的差异。

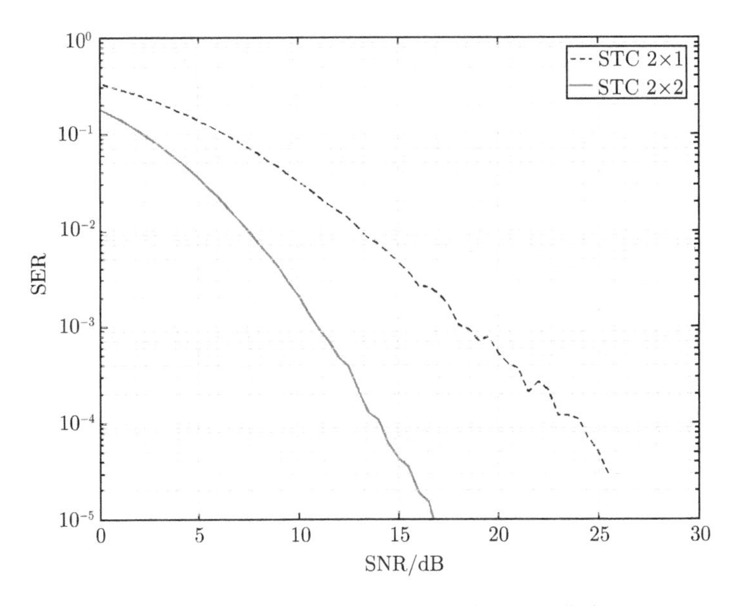

图 3-5 STC 2×2 与 STC 2×1 的 SER 曲线

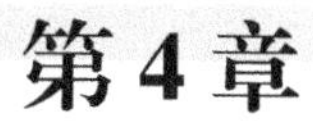

第 4 章 发射波束赋形

前面的描述基于接收机知道完全信道信息而发射机不知道完全信道信息的情况。本章讨论当收、发两端都知道完全信道信息时的发送与接收处理方法。在实际系统中，关于发射机如何获取信道信息的内容将在第 11 章中讨论。

4.1 系统模型和最优传输

图 4-1 为一个发射天线数为 M、接收天线数为 N 的 MIMO 阵列，且发射机知道完全信道信息。假定发射机能基于完全信道信息进行处理。本节首先关注如何利用信道信息实现在 M 个发射天线发射信息符号 s，以最优化链路性能。然后，分析线性预编码的发送方案。采用线性预编码时，发射信号 $\boldsymbol{x}=\boldsymbol{w}s$，$\boldsymbol{w}$ 是预编码加权向量。该预编码的过程也被称为波束赋形，$\boldsymbol{w}$ 被称为波束赋形向量。采用上述波束赋形时，对应的接收信号可表示为：

$$\boldsymbol{y}=\boldsymbol{H}\boldsymbol{x}+\rho\boldsymbol{n}=\boldsymbol{H}\boldsymbol{w}s+\rho\boldsymbol{n} \tag{4.1}$$

注意，式 (4.1) 中，$\boldsymbol{H}\boldsymbol{w}$ 可被视作波束赋形后的等效信道。假定接收机对 N 个天线的接收信号采用 MRC 接收，则 MRC 的 ppSNR 为 $||\boldsymbol{H}\boldsymbol{w}||^2/\rho^2$。

以最大化 ppSNR 为最优化目标，最优波束赋形问题可表示为：

$$\boldsymbol{w}=\underset{||\boldsymbol{\xi}||^2=1}{\arg\max}\,||\boldsymbol{H}\boldsymbol{\xi}||^2 \tag{4.2}$$

式 (4.2) 中，采用限制条件 $||\boldsymbol{\xi}||^2=1$ 是为了保证 M 个天线的发射总功率等于 SISO 下单天线的发送功率。

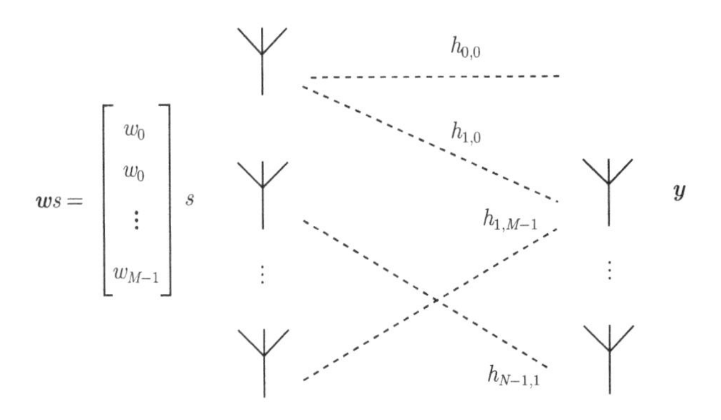

图 4-1 M 个发射天线和 N 个接收天线的发射波束赋形系统

式 (4.2) 所示的优化问题可以采用拉格朗日乘子法求解，首先构造拉格朗日目标函数：

$$\mathscr{L} = \|\boldsymbol{H}\boldsymbol{\xi}\|^2 - \lambda(\|\boldsymbol{\xi}\|^2 - 1) \tag{4.3}$$

对式 (4.3) 的目标函数关于 $\boldsymbol{\xi}$ 求偏导，结果如式 (4.4) 所示（假定为实数值，求偏导的数学理论见附录 E），偏导等于 0 的点即为极值点。

$$\begin{aligned}\frac{\partial \mathscr{L}}{\partial \boldsymbol{\xi}} &= \frac{\partial}{\partial \boldsymbol{\xi}}(\boldsymbol{\xi}^*\boldsymbol{H}^*\boldsymbol{H}\boldsymbol{\xi} - \lambda(\boldsymbol{\xi}^*\boldsymbol{\xi} - 1)) \\ &= 2\boldsymbol{\xi}^*\boldsymbol{H}^*\boldsymbol{H} - 2\lambda\boldsymbol{\xi}^* = 0\end{aligned} \tag{4.4}$$

对等式两边都取共轭转置，并代入 $\boldsymbol{w}$（$\boldsymbol{w}$ 为最优的波束赋形向量），则式 (4.4) 变为：

$$(\boldsymbol{H}^*\boldsymbol{H})\,\boldsymbol{w} = \lambda\boldsymbol{w} \tag{4.5}$$

从式 (4.5) 可知，$\boldsymbol{w}$ 是矩阵 $\boldsymbol{H}^*\boldsymbol{H}$ 的特征向量，且为了实现 $||\boldsymbol{H}\boldsymbol{w}||^2$ 最大化，$\boldsymbol{w}$ 是与最大特性值对应的 $\boldsymbol{H}^*\boldsymbol{H}$ 的特征向量（该结论在复数情况下依然成立[注 1]）。$\boldsymbol{H}^*\boldsymbol{H}$ 的特征向量可通过对 $\boldsymbol{H}$ 进行奇异值分解（Singular Value Decomposition，SVD）求得，$\boldsymbol{H}$ 的 SVD 可表示为 3 个矩阵的乘积，如下所示：

$$\boldsymbol{H} = \boldsymbol{U}\boldsymbol{D}\boldsymbol{V}^* \tag{4.6}$$

注 1：特征向量不是唯一的，因为乘以单位相位 $e^{j\varphi}$ 不会改变二次代价函数 $||\boldsymbol{H}\boldsymbol{w}||^2$。

其中，$\boldsymbol{U}$、$\boldsymbol{V}$ 是满足 $\boldsymbol{U}^*\boldsymbol{U}=\boldsymbol{I}$、$\boldsymbol{V}^*\boldsymbol{V}=\boldsymbol{I}$ 的酉矩阵，$\boldsymbol{D}$ 为对角矩阵，对角线上的元素被称为奇异值，各对角线元素为正实数；$\boldsymbol{D}$ 矩阵的对角线元素为 $\boldsymbol{H}^*\boldsymbol{H}$ 或 $\boldsymbol{H}\boldsymbol{H}^*$ 特征值的平方根；$\boldsymbol{V}$ 的列是 $\boldsymbol{H}$ 的奇异向量，也是 $\boldsymbol{H}^*\boldsymbol{H}$ 的特征向量；$\boldsymbol{U}$ 的列是 $\boldsymbol{H}\boldsymbol{H}^*$ 的特征向量。

4.2　错误概率评估

接收机用 MRC 对 N 个接收天线的信道进行合并处理：

$$\text{ppSNR}=\frac{\|\boldsymbol{H}\boldsymbol{w}\|^2}{\rho^2}=\frac{\lambda_1}{\rho^2}=\frac{d_1^2}{\rho^2} \tag{4.7}$$

其中，λ_1 是 $\boldsymbol{H}^*\boldsymbol{H}$ 的最大特征值，d_1 是 $\boldsymbol{H}$ 的最大奇异值。由于矩阵旋转并不会改变 F 范数[注 2]，可得到下式：

$$\|\boldsymbol{H}\|_{\text{F}}^2=\|\boldsymbol{U}\boldsymbol{D}\boldsymbol{V}^*\|_{\text{F}}^2=\|\boldsymbol{D}\|_{\text{F}}^2=\sum d_i^2 \tag{4.8}$$

其中，d_i 是 $\boldsymbol{H}$ 的第 i 个奇异值，d_1 是最大的奇异值。显然，d_1^2 的上界为 $\sum d_i^2=\|\boldsymbol{H}\|_{\text{F}}^2$，下界为 d_i^2 的均值，即：

$$\frac{\|\boldsymbol{H}\|_{\text{F}}^2}{\min\{M,N\}}\leqslant d_1^2\leqslant\|\boldsymbol{H}\|_{\text{F}}^2 \tag{4.9}$$

由式 (4.9) 可知，$\text{ppSNR}=\dfrac{d_1^2}{\rho^2}$ 满足：

$$\frac{\|\boldsymbol{H}\|_{\text{F}}^2}{\min\{M,N\}\rho^2}\leqslant\text{ppSNR}\leqslant\frac{\|\boldsymbol{H}\|_{\text{F}}^2}{\rho^2} \tag{4.10}$$

对式 (4.10) 求期望，除以平均 $\text{SNR}=\dfrac{1}{\rho^2}$，得到 AG 的上下限为：

$$\frac{MN}{\min\{M,N\}}\leqslant\text{AG}\leqslant MN \tag{4.11}$$

式 (4.11) 表明：在 2×2 的情况下，波束赋形的 AG 比 STC+MRC 方案的 AG 最多高出 3 dB。

注 2：$N\times M$ 矩阵 $\boldsymbol{A}$ 的 F 范数 $\|\boldsymbol{A}\|_{\text{F}}$ 定义为矩阵各元素绝对值平方和的平方根，即 $\|\boldsymbol{A}\|_{\text{F}}=\sqrt{\sum_n\sum_m|A_{n,m}|^2}$，F 范数可以测量矩阵的“能量”。

波束赋形的错误概率的上界为：

$$\Pr\{\text{error}\} \leqslant \frac{1}{\left(1+\dfrac{1}{2\min\{M,N\}\rho^2}\right)^{MN}} = \frac{1}{\left(1+\dfrac{\text{SNR}}{2\min\{M,N\}}\right)^{MN}} \tag{4.12}$$

式 (4.12) 表明：在 2×2 的情况下，波束赋形的 DO 与 STC + MRC 中的 DO 相同。采用特征向量进行波束赋形的 2×2 SER 和 4×2 SER 曲线如图 4-2 所示，2×2 情况下的 DO 与 STC 2×2 情况下相同，AG 有最多 3 dB 的收益。

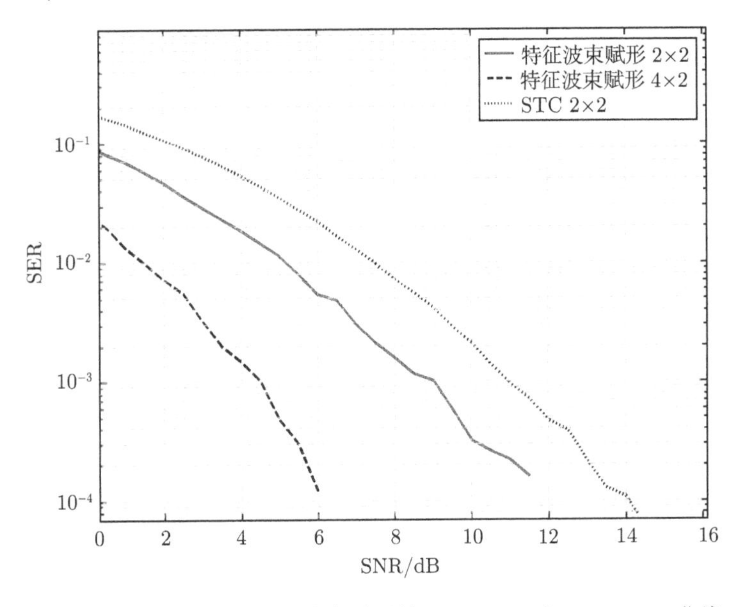

图 4-2 采用特征向量进行波束赋形的 2×2 SER 和 4×2 SER 曲线

在某些情况下，λ_1 的分布是明确可知的，因此，AG 和错误概率的边界值可以用解析式表达。例如，在 2×2 的情况下，λ_1 的概率密度函数[3,17] 为：

$$p(\lambda_1) = \exp(-\lambda_1)\left(\lambda_1^2 - 2\lambda_1 + 2\right) - 2\exp\left(-2\lambda_1\right) \tag{4.13}$$

平均错误概率的上界可以基于式 (4.13) 求得，如下所示：

$$\begin{aligned}\Pr\{\text{error}\} &= \int_0^{\infty} \Pr\{\text{error}|\lambda_1\}\, p(\lambda_1)\,\mathrm{d}\lambda_1 \\ &\leqslant \int_0^{\infty} \exp\left(-\frac{\lambda_1}{2\rho^2}\right) p(\lambda_1)\,\mathrm{d}\lambda_1\end{aligned}$$

$$
\begin{aligned}
&= \int_0^{\infty} \exp\left(-\frac{\lambda_1}{2\rho^2}\right)\left[\exp(-\lambda_1)\left(\lambda_1^2 - 2\lambda_1 + 2\right) - 2\exp\left(-2\lambda_1\right)\right] \mathrm{d}\lambda_1 \\
&= \frac{32}{\left(2+\dfrac{1}{\rho^2}\right)^3\left(4+\dfrac{1}{\rho^2}\right)} \approx \frac{1}{\left(1+\dfrac{3.36\times \mathrm{SNR}}{2\times 4}\right)^4}
\end{aligned} \tag{4.14}
$$

式 (4.14) 表明：由于在发射机处利用了信道信息，此时波束赋形的 AG 为 3.36（5.27 dB），比 2×2 STC + MRC 高 2.27 dB。

DO 和 AG 是定义在高 SNR 下的渐近度量值，因此，在高 SNR 下可以足够接近错误概率，而不需要在所有 SNR 值中寻求精确的表达。在式 (4.14) 中，平均错误概率的上界可表示为 $p(\lambda_1)$ 的（单侧）拉普拉斯变换形式：

$$
\begin{aligned}
\Pr\{\text{error}\} &\leqslant \int_0^{\infty} \exp\left(-\frac{\lambda_1}{2\rho^2}\right) p(\lambda_1)\, \mathrm{d}\lambda_1 \\
&= \int_0^{\infty} \exp\left(-\tilde{s}\lambda_1\right) p(\lambda_1)\, \mathrm{d}\lambda_1, \qquad \tilde{s} = \frac{\mathrm{SNR}}{2}
\end{aligned} \tag{4.15}
$$

因此，可以通过初值定理计算渐近错误概率曲线。渐近错误概率曲线则取决于原点附近的 λ_1 密度 [21]。具体而言，$p(\lambda_1)$ 关于原点的展开为：

$$
\begin{aligned}
p(\lambda_1) &= \exp(-\lambda_1)\left(\lambda_1^2 - 2\lambda_1 + 2\right) - 2\exp\left(-2\lambda_1\right) \\
&= \frac{1}{3}\lambda_1^3 + o(\lambda_1^4)
\end{aligned} \tag{4.16}
$$

其中，$o(\lambda_1^4)$ 为高阶项，所以错误概率的渐近表达式为：

$$
\int_0^{\infty} \exp\left(-\frac{\lambda_1}{2\rho^2}\right) \frac{1}{3}\lambda_1^3\, \mathrm{d}\lambda_1 = \frac{32}{\mathrm{SNR}^4} \tag{4.17}
$$

可以得出相同的解：DO = 4，AG = 3.36。

4.3　最大比传输

发射波束赋形的一种特殊情况是单个接收天线，即 $N = 1$。因为许多系统对成本敏感，配置 1 个天线的情况很常见。此时，信道矩阵 $\boldsymbol{H}$ 退化为行向量 $\boldsymbol{h}^* = [h_0, \cdots, h_{M\text{-}1}]$，式 (4.5) 中的矩阵 $\boldsymbol{H}^*\boldsymbol{H}$ 变为 $\boldsymbol{h}\boldsymbol{h}^*$，且秩为 1。

在这种情况下，$\boldsymbol{h}^*$ 的 SVD 分解为：

$$\boldsymbol{h}^* = 1 \cdot \|\boldsymbol{h}\| \cdot \left(\frac{\boldsymbol{h}}{\|\boldsymbol{h}\|}\right)^* \tag{4.18}$$

由式 (4.18) 可知，$\boldsymbol{h}\,\boldsymbol{h}^*$ 的特征值为 $\|\boldsymbol{h}\|^2$，特征向量为 $\dfrac{\boldsymbol{h}}{\|\boldsymbol{h}\|}$。因此在单接收天线的情况下，最优波束赋形向量为：

$$\boldsymbol{w} = \frac{\boldsymbol{h}}{\|\boldsymbol{h}\|} \quad \Rightarrow \quad w_i = \frac{h_i^*}{\|\boldsymbol{h}\|} \tag{4.19}$$

采用式 (4.19) 所示的向量进行波束赋形被称为最大比传输（Maximum Ratio Transmission，MRT）[9]。M 个发射天线、单个接收天线情况下 MRT 的 SER 曲线与单个发射天线、M 个接收天线情况下 MRC 的 SER 曲线相同。

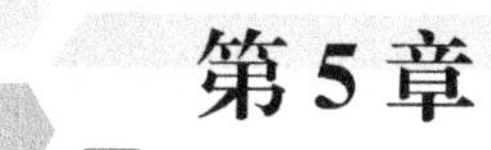

第5章 空间复用

在前面的描述中，利用 MIMO 配置来增强链路属性，其基本假设是更好的链路（更高的 SNR、更少的衰减）能够通过稳健性较低的高阶调制方案传输更多信息，如从 QPSK 到 16QAM。本章考虑另一种 MIMO 应用的方法，即发射天线发送不同的信息流。这种方法被称为空间复用（Spatial Multiplexing，SM）。

5.1 系统模型和 ML 接收机

在 SM 中，通过发射天线发送独立信息流。考虑具有 M 个发射天线和 N 个接收天线的 MIMO 阵列，其中 $N \geqslant M$，如图 5-1 所示。传输的向量记作 $\frac{1}{\sqrt{M}}\boldsymbol{s}$，其中 $\boldsymbol{s} = [s_0, s_1, \cdots, s_{M-1}]^{\mathrm{T}}$ 是包含 M 个独立符号的向量。引入因子 $\frac{1}{\sqrt{M}}$ 是为了保持单位传输功率。因此，接收信号可建模为：

$$\boldsymbol{y} = \underbrace{\frac{1}{\sqrt{M}}\boldsymbol{H}_{\mathrm{PHY}}}_{\boldsymbol{H}}\boldsymbol{s} + \rho\boldsymbol{n} \tag{5.1}$$

显然，假设接收机能够正确解码信息，可以利用 SM 方法提高 MIMO 系统的吞吐量。

$\boldsymbol{s}$ 的 ML 估计器 $\tilde{\boldsymbol{s}}$ 为：

$$\tilde{\boldsymbol{s}} = \underset{\boldsymbol{s}\in\mathrm{QPSK}^M}{\arg\min}\ \|\boldsymbol{y} - \boldsymbol{H}\boldsymbol{s}\|^2 \tag{5.2}$$

与之前讨论的所有分集方案不同，在 SM 中，$\boldsymbol{H}^*\boldsymbol{H}$ 不是对角矩阵。这意味着先做最小二乘估计，然后基于最小二乘解再做 SISO 处理不再是最优解。实际上，无法

对式 (5.2) 所示的 ML 检测器做进一步简化。而且，式 (5.2) 表明 SM 中的最优 ML 估计需要在多个维度上进行穷举搜索。当采用高阶调制（例如，64QAM）或大量发射天线时，问题将变得更加严重。例如，当 $M = 4$，传输符号为 64QAM 时，ML 检测器需要在大小为 $64^4 \approx 16 \times 10^6$ 的解空间上进行穷举搜索。

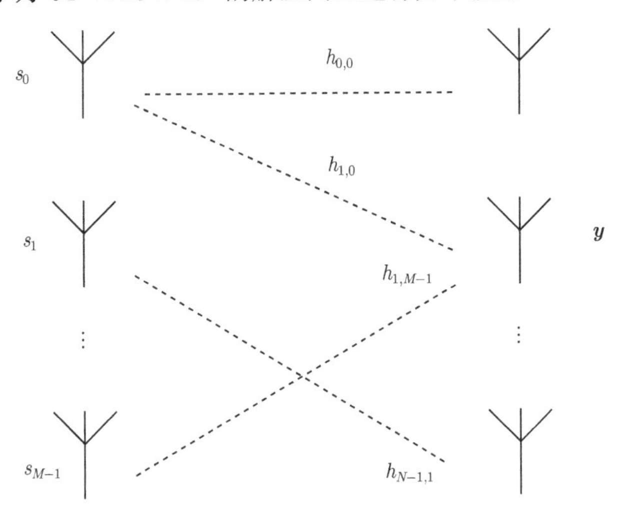

图 5-1　M 个发射天线和 N 个接收天线的空间复用配置

由于 SM 中的 ML 接收机需要繁重的穷举搜索，因此当星座点或发射天线的数量很多时，亟须给出一种次优解方案。下面对一些常见的次优（Sub-optimal）接收机进行介绍和分析。

5.2　错误概率评估

为了评估错误概率，假设传输符号 $\boldsymbol{s}$ 并定义最小化向量：

$$\tilde{\boldsymbol{s}} = \underset{\boldsymbol{\xi} \in \mathrm{QAM}^M}{\arg\min}\ J(\boldsymbol{\xi}) \tag{5.3}$$

其中 $J(\boldsymbol{\xi}) = ||\boldsymbol{y} - \boldsymbol{H}\boldsymbol{\xi}||^2$。

当对 s_0 的估计出错时，对应的错误概率为：

$$\Pr\{\text{error in } s_0\} = \Pr\{\tilde{s}_0 \neq s_0\} \tag{5.4}$$

首先，考虑 $\boldsymbol{H}$ 和 $\boldsymbol{s}$ 已知时的条件错误概率，即：

$$\Pr\{\text{error in } s_0|\boldsymbol{H},\boldsymbol{s}\} \leqslant \Pr\left\{\bigcup_{\bar{\boldsymbol{s}}:\bar{s}_0\neq s_0} J(\bar{\boldsymbol{s}}) \leqslant J(\boldsymbol{s})\middle|\boldsymbol{H},\boldsymbol{s}\right\} \tag{5.5}$$

进一步，可由联集上界约束为：

$$\Pr\{\text{error in } s_0|\boldsymbol{H},\boldsymbol{s}\} \leqslant \sum_{\bar{\boldsymbol{s}}:\bar{s}_0\neq s_0} \Pr\{J(\bar{\boldsymbol{s}}) \leqslant J(\boldsymbol{s})|\boldsymbol{H},\boldsymbol{s}\} \tag{5.6}$$

不等式 (5.6) 右边的条件概率简化为 [推导过程详见附录 F 的式 (F.1)]:

$$\Pr\{J(\bar{\boldsymbol{s}}) \leqslant J(\boldsymbol{s})|\boldsymbol{H},\boldsymbol{s}\} = Q\frac{\|\boldsymbol{H}(\bar{\boldsymbol{s}}-\boldsymbol{s})\|}{\sqrt{2}\rho} \tag{5.7}$$

因此式 (5.6) 变为：

$$\Pr\{\text{error in } s_0|\boldsymbol{H},\boldsymbol{s}\} \leqslant \sum_{\bar{\boldsymbol{s}}:\bar{s}_0\neq s_0} Q\frac{\|\boldsymbol{H}(\bar{\boldsymbol{s}}-\boldsymbol{s})\|}{\sqrt{2}\rho} \tag{5.8}$$

根据 $Q(x) \leqslant \dfrac{1}{2}\exp\left(-\dfrac{x^2}{2}\right)$ 进一步简化式 (5.8)，可得：

$$\Pr\{\text{error in } s_0|\boldsymbol{H},\boldsymbol{s}\} \leqslant \frac{1}{2}\sum_{\bar{\boldsymbol{s}}:\bar{s}_0\neq s_0} \exp\left(-\frac{\|\boldsymbol{H}(\bar{\boldsymbol{s}}-\boldsymbol{s})\|^2}{4\rho^2}\right) \tag{5.9}$$

对式 (5.9) 在不同的 $\boldsymbol{s}$ 上求平均，得到：

$$\Pr\{\text{error in } s_0|\boldsymbol{H}\} \leqslant \frac{1}{2\,L^M}\sum_{\boldsymbol{s}\in\text{QAM}^M}\sum_{\boldsymbol{e}\in\mathscr{A}_0(\boldsymbol{s})} \exp\left(-\frac{\|\boldsymbol{He}\|^2}{4\rho^2}\right) \tag{5.10}$$

其中 L 是 QAM 星座图中的点数，$\mathscr{A}_0(\boldsymbol{s})$ 是满足 $\bar{s}_0 \neq s_0$ 的误差向量 $\bar{\boldsymbol{s}}-\boldsymbol{s}$ 的集合。

进一步，对式 (5.10) 在服从瑞利分布的 $\boldsymbol{H}$ 上求平均，可得无条件错误概率。具体来说，计算 $\exp\left(-\dfrac{\|\boldsymbol{He}\|^2}{4\rho^2}\right)$ 关于 $\boldsymbol{H}$ 的期望值可得 [详见附录 F 的式 (F.5)]:

$$\mathrm{E}_{\boldsymbol{H}}\left[\exp\left(-\frac{\|\boldsymbol{He}\|^2}{4\rho^2}\right)\right] = \frac{1}{\left(1+\dfrac{\|\boldsymbol{e}\|^2}{4M\rho^2}\right)^N} \tag{5.11}$$

进而推出无条件错误概率：

$$\Pr\{\text{error in } s_0\} \leqslant \frac{1}{2\,L^M} \sum_{\boldsymbol{s}\in \mathrm{QAM}^M} \sum_{\boldsymbol{e}\in \mathscr{A}_0(\boldsymbol{s})} \frac{1}{\left(1+\dfrac{\|\boldsymbol{e}\|^2}{4M\rho^2}\right)^N} \tag{5.12}$$

式 (5.12) 主要由具有最小范数的误差向量决定。以 QPSK 为例，当 $\bar{s}_0 \neq s_0$ 时，每个符号 s 对应 2 个起决定作用的误差向量 $\boldsymbol{e}$，且满足 $\|\boldsymbol{e}\|^2=2$。因此，式 (5.12) 可以近似为：

$$\Pr\{\text{error in } s_0\} \approx \frac{1}{2} \times 2 \times \frac{1}{\left(1+\dfrac{2}{4M\rho^2}\right)^N} = \frac{1}{\left(1+\dfrac{\mathrm{SNR}}{2M}\right)^N} \tag{5.13}$$

可见 SM 系统的 DO 为 N，AG 为 N/M。需要强调的是，SM 的吞吐量是 SISO 的 M 倍 [注 1]。

5.3 球形解码器

对于 ML 接收机，应寻求其他方法来替代具有指数级复杂度的穷举搜索。球形解码 [5] 给出了一种求解 ML 的迭代计算方法，以更低的复杂度实现了最优 ML 的求解。

针对 2 个发射天线和 N 个 ($N \geqslant 2$) 接收天线的情况，可以将 ML 代价函数重写为：

$$\|\boldsymbol{y}-\boldsymbol{H}\boldsymbol{s}\|^2 = C + (\hat{\boldsymbol{s}}-\boldsymbol{s})^* \boldsymbol{H}^* \boldsymbol{H} (\hat{\boldsymbol{s}}-\boldsymbol{s}) \tag{5.14}$$

其中，$\hat{\boldsymbol{s}} = (\boldsymbol{H}^*\boldsymbol{H})^{-1} \boldsymbol{H}^*\boldsymbol{y}$ 是最小二乘解。

由于 $\boldsymbol{H}^*\boldsymbol{H}$ 是正定对称矩阵，因此它可以被分解为 $\boldsymbol{U}^*\boldsymbol{U} = \boldsymbol{H}^*\boldsymbol{H}$，其中 $\boldsymbol{U}$ 是具有实对角的上三角矩阵（矩阵 $\boldsymbol{U}$ 可以通过 $\boldsymbol{H}$ 的 QR 分解获得）。因此，要最小化的代价函数变为（此处省略常数 C）：

$$(\hat{\boldsymbol{s}}-\boldsymbol{s})^* \boldsymbol{U}^* \boldsymbol{U} (\hat{\boldsymbol{s}}-\boldsymbol{s}) = \|\boldsymbol{U}\Delta\boldsymbol{s}\|^2 \tag{5.15}$$

注 1：在推导中没有假设 $N \geqslant M$，实际上，即使 $N=1$，推导仍成立（但此时系统的性能很差）。

其中，$\Delta\boldsymbol{s}=\boldsymbol{s}-\hat{\boldsymbol{s}}$。

利用 $\boldsymbol{U}$ 的上三角结构，将式 (5.15) 展开为：

$$\begin{aligned}&|u_{11}\Delta s_1+u_{12}\Delta s_2|^2+|u_{22}\Delta s_2|^2\\=\ &u_{22}^2\,|s_2-\hat{s}_2|^2+u_{11}^2\left|s_1-\hat{s}_1+\frac{u_{12}}{u_{11}}(s_2-\hat{s}_2)\right|^2\end{aligned}\tag{5.16}$$

开始搜索使式 (5.16) 这一代价函数小于任意 r^2 的点 $\boldsymbol{s}$，仅取式 (5.16) 中的第一项，那么得到使一个点 $\boldsymbol{s}$ 的代价小于 r^2 的必要不充分条件为：

$$u_{22}^2\,|s_2-\hat{s}_2|^2<r^2\Rightarrow|s_2-\hat{s}_2|^2<\frac{r^2}{u_{22}^2}\tag{5.17}$$

这意味着必要条件是 s_2 位于最小二乘解 $\hat{s}_2$ 的圆内。

如果 QAM 星座图中没有满足式 (5.17) 的点，则增大 r 并重新开始搜索。当存在能满足式 (5.17) 的点时，选择其中一个点作为 s_2，并通过式 (5.16) 生成 s_1 需满足的对应条件：

$$u_{22}^2\,|s_2-\hat{s}_2|^2+u_{11}^2\left|s_1-\hat{s}_1+\frac{u_{12}}{u_{11}}(s_2-\hat{s}_2)\right|^2<r^2\tag{5.18}$$

或

$$\left|s_1-\left[\hat{s}_1-\frac{u_{12}}{u_{11}}(s_2-\hat{s}_2)\right]\right|^2<\frac{r^2-u_{22}^2\,|s_2-\hat{s}_2|^2}{u_{11}^2}\tag{5.19}$$

这意味着 s_1 应该位于由 s_2 确定的圆内。如果没有点 s_1 满足条件，则选择满足式 (5.17) 的下一个点 s_2，否则可得到一个代价小于 r^2 的候选点 $\boldsymbol{s}$。计算这一候选点的代价，记作 $\tilde{r}^2<r^2$，并利用 $\tilde{r}^2$ 重新开始算法搜索。

最终，当 $\tilde{r}^2$ 足够小时，将不存在使得代价更小的星座点，此时最后一次迭代的候选点即为使得代价函数最小的点。当然，如果没有满足代价小于 $\tilde{r}^2$ 的点，而且在之前的迭代中也不存在候选点，则应增大 r^2。球形解码方法的优点源于其最优性，并且所有搜索都在一个复数维度上开展，大大减小了计算负担。

5.4　线性 MIMO 解码器

迫零（Zero Forcing，ZF）是一种简单的线性解码 SM MIMO 的方法。在 ZF

中，不遵循式 (5.2) 所示的 ML 最优性标准，而是将 SISO 处理应用于 $\boldsymbol{s}$ 的 LS 估计：

$$\hat{\boldsymbol{s}} = (\boldsymbol{H}^*\boldsymbol{H})^{-1}\boldsymbol{H}^*\boldsymbol{y} \tag{5.20}$$

在 2×2 的情况下简化为：

$$\begin{aligned}\hat{\boldsymbol{s}} &= \boldsymbol{H}^{-1}\boldsymbol{y}\\ &= \boldsymbol{H}^{-1}(\boldsymbol{H}\boldsymbol{s}+\rho\boldsymbol{n})\\ &= \boldsymbol{s}+\rho\boldsymbol{H}^{-1}\boldsymbol{n}\\ &= \boldsymbol{s}+\rho\tfrac{1}{h_{00}h_{11}-h_{10}h_{01}}\begin{bmatrix} h_{11} & -h_{10}\\ -h_{01} & h_{00}\end{bmatrix}\boldsymbol{n}\end{aligned} \tag{5.21}$$

这意味着在 det $\boldsymbol{H}$ 小的情况下，无论 $h_{i,j}$ 的大小如何，ppSNR 都会变小。在 ZF 中，每条流[注 2]的 ppSNR 都是 $\dfrac{1}{2M\rho^2}\chi^2_{2(N-M+1)}$[注 3,[6, 22]]。该 ppSNR 分布与接收天线为 $N-M+1$ 的 MRC 的 ppSNR 类似，但均值更小（缩放因子为 M）。因此，在这种次优方法中，DO 为 $N-M+1$，AG 为 $\dfrac{N-M+1}{M}$。特别地，在 2×2 的情况下，会得到与 SISO 相同的 DO，但 AG 为 $\dfrac{1}{2}$，证明过程详见附录 G。

另一种与 ZF 非常相似的方法是最优线性估计（Best Linear Estimate，BLE）或最小均方差（Minimum Mean-Square Error，MMSE）。在 BLE 中，构造了以 $\boldsymbol{y}$ 为条件的 $\boldsymbol{s}$ 的最优线性估计。需要强调的是，由于 $\boldsymbol{s}$ 和 $\boldsymbol{y}$ 不服从联合高斯分布，因此无论如何 BLE 都不是最优的。基于式 (5.1) 所示的 MIMO 模型，$\boldsymbol{s}$ 的 BLE——$\hat{\boldsymbol{s}}_{\mathrm{BLE}}$ 定义为：

$$\hat{\boldsymbol{s}}_{\mathrm{BLE}} \equiv \mathrm{E}[\boldsymbol{s}] + \boldsymbol{\Sigma}_{\boldsymbol{sy}}\boldsymbol{\Sigma}_{\boldsymbol{yy}}{}^{-1}(\boldsymbol{y}-\mathrm{E}[\boldsymbol{y}]) \tag{5.22}$$

根据 $\mathrm{E}[\boldsymbol{s}]=\mathrm{E}[\boldsymbol{y}]=0$ 和 $\boldsymbol{\Sigma}_{\boldsymbol{ss}}=\boldsymbol{I}$，式 (5.22) 等式右边其余的元素很容易计算，如下：

$$\boldsymbol{\Sigma}_{\boldsymbol{sy}} \equiv \mathrm{E}[\boldsymbol{s}(\boldsymbol{H}\boldsymbol{s}+\rho\boldsymbol{n})^*] = \boldsymbol{\Sigma}_{\boldsymbol{ss}}\boldsymbol{H}^* = \boldsymbol{H}^*$$

注 2：本书中若无特殊说明时，“流”均指“空间流”。

注 3：当 x_j 为独立同分布标准实值高斯随机变量时，$Q=\sum_{j=1}^{K}x_j^2$ 服从自由度为 K 的 χ^2 分布，表示为 $Q\sim\chi^2_K$。

$$\begin{aligned}\boldsymbol{\Sigma}_{\boldsymbol{yy}} &\equiv \mathrm{E}[(\boldsymbol{Hs}+\rho\boldsymbol{n})(\boldsymbol{Hs}+\rho\boldsymbol{n})^*] \\ &= \boldsymbol{H}\boldsymbol{\Sigma}_{\boldsymbol{ss}}\boldsymbol{H}^* + \rho^2\boldsymbol{I} = \boldsymbol{HH}^* + \rho^2\boldsymbol{I}\end{aligned} \tag{5.23}$$

将式 (5.23) 代入式 (5.22)，可得到 BLE 的表达式：

$$\hat{\boldsymbol{s}}_{\mathrm{BLE}} = \boldsymbol{H}^*(\boldsymbol{HH}^* + \rho^2 I)^{-1}\boldsymbol{y} \tag{5.24}$$

根据矩阵求逆引理，式 (5.24) 可以改写为：

$$\hat{\boldsymbol{s}}_{\mathrm{BLE}} = \boldsymbol{H}^*(\boldsymbol{HH}^* + \rho^2 I)^{-1}\boldsymbol{y} = (\boldsymbol{H}^*\boldsymbol{H} + \rho^2 I)^{-1}\boldsymbol{H}^*\boldsymbol{y} \tag{5.25}$$

注意在高信噪比（小 ρ）下的极限值为：

$$\lim_{\rho\to 0}\hat{\boldsymbol{s}}_{\mathrm{BLE}} = \hat{\boldsymbol{s}}_{\mathrm{ZF}} \tag{5.26}$$

因此，BLE 的 DO 与 ZF 的相同，为 $N-M+1$。ML 2×2 和 ZF 2×2 的 SER 曲线如图 5-2 所示。

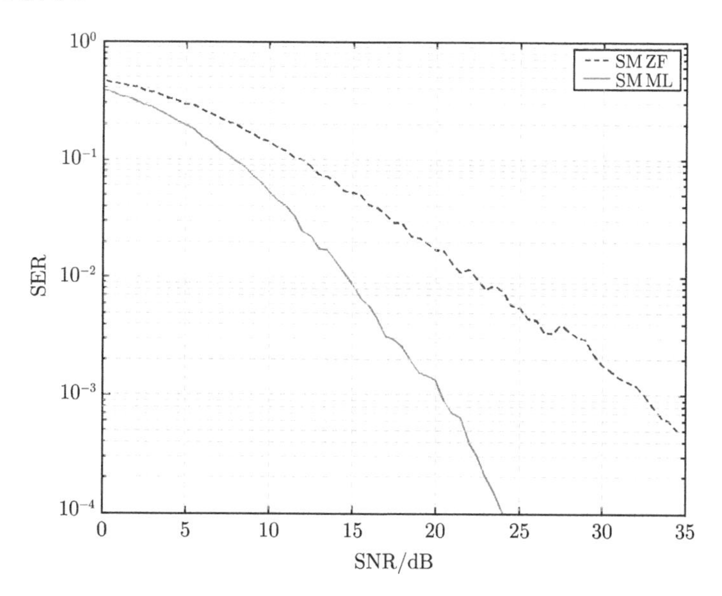

图 5-2　ML 2×2 和 ZF 2×2 的 SER 曲线（ML 的 DO 是 ZF 的两倍）

5.5 连续干扰消除

任何关于 SM 解码算法的讨论都不能完全脱离 V-Blast——一种由参考文献 [23] 的作者提出的原始解码方法，该文献也被认为是提出 SM 的开创性成果。该方法被称为串行干扰消除（Successive Interference Cancellation，SIC），借鉴了判决反馈均衡和同步的概念。

SIC 算法首先进行类似于式 (5.20) 的线性处理：

$$\hat{\boldsymbol{s}}_{\text{ini}} = \boldsymbol{G}\boldsymbol{y} = \boldsymbol{s} + \rho\boldsymbol{G}\boldsymbol{n} \tag{5.27}$$

其中，$\boldsymbol{G}$ 是 $\boldsymbol{H}$ 的伪逆或者 MMSE 下的均衡矩阵。此时，根据式 (5.27) 在不同流中寻找最大 ppSNR 的索引 k_1：

$$k_1 = \underset{j\in 0,\cdots,M-1}{\arg\min} \ \|\boldsymbol{G}(j,:)\|^2 \tag{5.28}$$

最稳健的符号 s_{k_1} 可以如式 (5.27) 所示进行线性解码：

$$\hat{s}_{k_1} = \boldsymbol{G}(k_1,:)\boldsymbol{y} \tag{5.29}$$

然后通过判决获得 $\lfloor \hat{s}_{k_1} \rfloor \in \text{QAM}$。

在得到 s_{k_1} 的估计 $\lfloor \hat{s}_{k_1} \rfloor$ 后，SIC 算法会将其从原始接收向量 $\boldsymbol{y}$ 中消除。

$$\boldsymbol{y}_2 = \boldsymbol{y} - \boldsymbol{h}_{k_1}\lfloor \hat{s}_{k_1} \rfloor \tag{5.30}$$

这样，如果正确解码了 s_{k_1}，继续处理与式 (5.1) 相同的问题，而此时剩余 $M-1$ 个符号：

$$\boldsymbol{y}_2 = \boldsymbol{H}_{k_1}^{-}\boldsymbol{s}_{k_1}^{-} + \rho\boldsymbol{n} \tag{5.31}$$

其中，$\boldsymbol{H}$ 的第 k_1 列被消除，记作 $\boldsymbol{H}_{k_1}^{-}$；$\boldsymbol{s}$ 的第 k_1 个成分被消除，记作 $\boldsymbol{s}_{k_1}^{-}$。该算法通过计算 $\boldsymbol{H}_{k_1}^{-}$ 的伪逆 $\boldsymbol{G}_2$ 来递归处理，确定下一个解码的符号：

$$k_2 = \underset{j\in 0,\cdots,M-1,j\neq k_1}{\arg\min} \ \|\boldsymbol{G}_2(j,:)\|^2 \tag{5.32}$$

以此类推，直到所有符号都被解码。

显然，SIC 算法的主要问题是错误传播，因为假设前级符号已被正确解码 [例如，当不能正确解码 s_{k_1} 时，式 (5.31) 并不成立]。在 2×2 的天线阵列下，SIC 的性能与 ZF 非常相似，但是，在 $M > 2$ 的情况下，SIC 算法表现出略微优越的性能 [11]。

5.6 分集和复用的权衡

通过对分集和复用的理解，得出这样的结论：在许多情况下，两者之间存在权衡。考虑 2×2 的物理配置，同时发射机不知道信道信息，有两个重要的方法，即 STC 和 SM。此时，SM 将提供两倍的吞吐量和二阶分集，而 STC 提供四阶分集。

那么，哪个更好？为了回答这个问题，需要比较吞吐量相同的方案（简单比较），因此，使用 16QAM 调制构建 STC 2×2 的 SER 曲线（该曲线与 QPSK 的曲线相同，除了由 $d_{\min}$ 的减少导致的大约 7 dB 的 SNR 偏移）。STC 2×2 16QAM 和 SM 2×2 QPSK 具有相同的吞吐量，两者的 SER 曲线如图 5-3 所示。STC 曲线优于 SM（假设目标 SER 为 10^{-4}）。

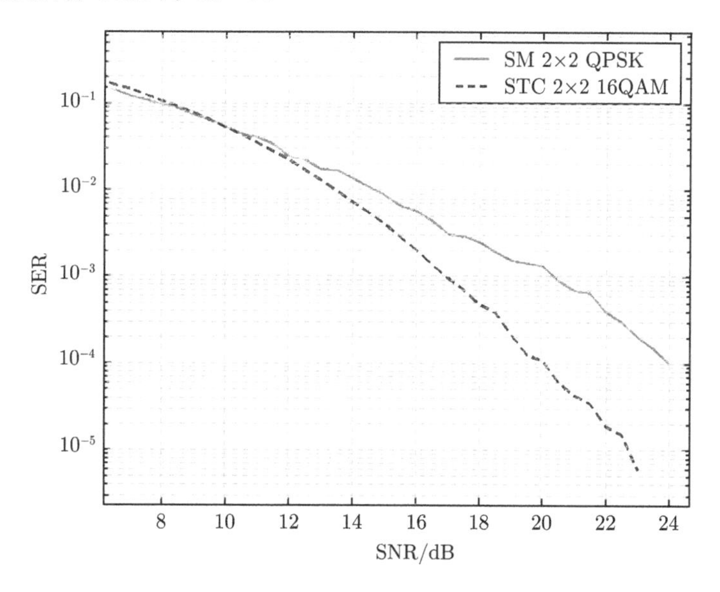

图 5-3 SM 2×2 QPSK 和 STC 2×2 16QAM 的 SER 曲线

然而，当比较 SM 2×2 16QAM 与等吞吐量的 STC 2×2 256QAM 的 SER 曲线时，如图 5-4 所示，情况发生了变化，此时 SM 较优。这意味着上述问题没有简单的答案，并且对信道条件有很强的依赖性。根据经验，分集方法在小 SNR 区域是更优的，而复用在高信噪比的情况下则更胜一筹[27,12]。请记住，随着 SNR 的增加，需要更多的 SNR 增量来使速率翻倍（从 BPSK 移动到 QPSK 需要 3 dB，但从 QPSK 移动到 16QAM 需要 7 dB）。很明显，在高信噪比的情况下，速率可以直接翻倍的方案将变得更有吸引力。

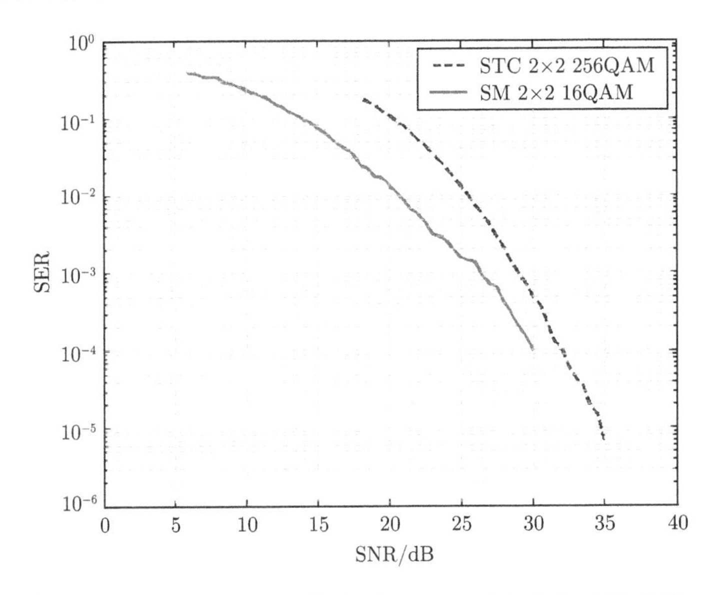

图 5-4　SM 2×2 16QAM 和 STC 2×2 256QAM 的 SER 曲线

尚未解决的另一个重要因素是空间信道之间的相关性。为了证明相关性的影响，转向完全相关信道的极限，即信道矩阵 $\boldsymbol{H}$ 中的所有元素都是相同的（但仍是随机的）。在这种情况下，所有分集方案的 DO 都减小到 1。此时，SM 方案因无法解码而失效（例如，在 ZF 解码器中，矩阵不可逆）。根据经验，SM 方法对空间相关性比分集方法更敏感[4]，空间相关性对 MRC 的影响详见附录 H。

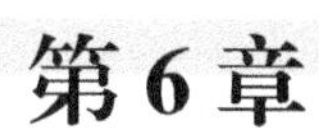

第 6 章 闭环 MIMO

在前面的描述中，考虑了发射机在未知信道信息情况下的空间复用。在本章中，将考虑当发射机获取了完全信道信息时如何进行空间复用，也就是闭环 MIMO。该技术可被视为融合了 SM 与波束赋形。发射机如何获取信道信息，将在第 11 章中具体讨论。

6.1 系统模型和最优传输

这里假设有一个具有 M 个发射天线和 N 个接收天线的阵列，并假设发射机和接收机都获取了完全信道信息。由假设可知，使用该系统可以传输单个预编码流，并获得 MN 阶分集增益。需要解决的问题是：发射机如何利用已获取的信道信息来决策需要发送的 K 条 ($K \leqslant \min\{M, N\}$) 流的数据。

该问题的一个解决方案与单流波束赋形和 SVD 的概念密切相关。考虑发送如下信号，它可被视为单流波束赋形的扩展：

$$\boldsymbol{x} = \sum_{i=0}^{K-1} a_i \boldsymbol{v}_i s_i \tag{6.1}$$

其中，$\boldsymbol{v}_i$ 是 $\boldsymbol{H}$ 的第 i 个奇异向量，a_i 是具有 $\sum a_i^2 = 1$ 的正功率分配系数，用以保持单位传输功率。

这种预编码方案很有吸引力，因为奇异向量是正交的（与特征向量形成对照）并且在与 $\boldsymbol{H}$ 相乘后仍保持正交。

$$(\boldsymbol{H}\boldsymbol{v}_i)^*(\boldsymbol{H}\boldsymbol{v}_j) = \boldsymbol{v}_i^*(\boldsymbol{H}^*\boldsymbol{H}\boldsymbol{v}_j) = \boldsymbol{v}_i^*(\lambda\boldsymbol{v}_j) = 0, \qquad i \neq j \tag{6.2}$$

这意味着在接收机处仍会保持正交。

为了进一步研究该方案，将发送的信号重写为：

$$\boldsymbol{x} = \boldsymbol{V}\boldsymbol{A}\boldsymbol{s} \tag{6.3}$$

其中，$\boldsymbol{V}$ 是通道矩阵 $\boldsymbol{H}$ 的 SVD 中的右手酉矩阵，$\boldsymbol{A}$ 是 $M \times K$ 的对角矩阵，其对角线上的条目为 a_i，得到的接收信号是：

$$\boldsymbol{y} = \boldsymbol{H}\boldsymbol{V}\boldsymbol{A}\boldsymbol{s} + \rho\boldsymbol{n} \tag{6.4}$$

注意，现在等效信道矩阵 $\boldsymbol{HVA}$ 满足：

$$\begin{aligned}(\boldsymbol{HVA})^*\boldsymbol{HVA} &= \boldsymbol{A}^*\boldsymbol{V}^*\boldsymbol{H}^*\boldsymbol{HVA} \\ &= \boldsymbol{A}^*\boldsymbol{V}^*\underbrace{\boldsymbol{V}\boldsymbol{D}^*\boldsymbol{U}^*}_{\boldsymbol{H}^*}\underbrace{\boldsymbol{U}\boldsymbol{D}\boldsymbol{V}^*}_{\boldsymbol{H}}\boldsymbol{VA} \\ &= (\boldsymbol{DA})^*\boldsymbol{DA}\end{aligned} \tag{6.5}$$

其中，$(\boldsymbol{DA})^*\boldsymbol{DA}$ 是对角矩阵。因此，在该传输模式下，ZF 是最优的（正交传输）。

一个等效的接收方法是用矩阵 $\boldsymbol{U}^*$ 对接收信号进行解码，因此得到信号：

$$\boldsymbol{z} = \boldsymbol{U}^*\boldsymbol{y} = \boldsymbol{U}^*\boldsymbol{HVAs} + \rho\boldsymbol{U}^*\boldsymbol{n} \tag{6.6}$$

用 SVD 表达式，$\boldsymbol{U}$ 是酉矩阵，式 (6.6) 变为：

$$\boldsymbol{z} = \boldsymbol{DAs} + \rho\boldsymbol{n} \tag{6.7}$$

其中，$\boldsymbol{DA}$ 是对角矩阵。

6.2 闭环 MIMO 的含义

解码信号 $\boldsymbol{z}$ 的等式 (6.7) 具有以下重要含义。

- MIMO 链路转换为 K 条并行 SISO 链路，这意味着 ZF 解码是最优的，并且接收机的复杂性会大大降低。

- 噪声不会被放大，因为 $\boldsymbol{U}$ 这个酉矩阵未引入增益，这与 ZF 中的噪声放大形成对比，因为它与 $\boldsymbol{H}$ 的伪逆相乘。
- $\boldsymbol{D}$ 对角线上的奇异值可能在大小上有显著差异，因此（除非通过 $\boldsymbol{A}$ 补偿，而通常 $\boldsymbol{A}$ 不会对此影响进行补偿，这一点后续会具体讨论），得到 SNR 不同的流。图 6-1 示出了不相关的 4×4 瑞利信道矩阵中奇异值的 PDF。

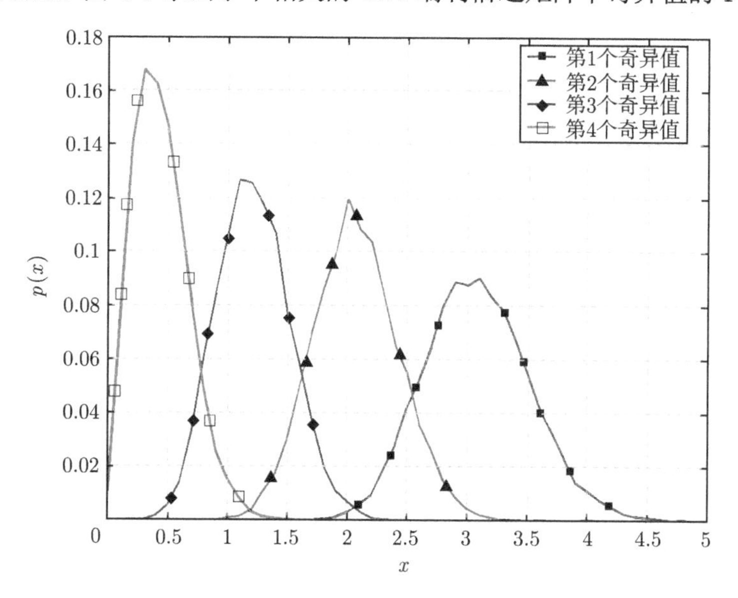

图 6-1 不相关的 4×4 瑞利信道矩阵中奇异值的 PDF

- 根据其对角线上的非零条目的数量，矩阵 $\boldsymbol{A}$ 确定发送的空间流的数量 $K \leqslant \min\{M, N\}$。特别是，当 $\boldsymbol{A}$ 设置为：

$$\boldsymbol{A} = \begin{bmatrix} 1 & 0 & \cdots & 0 \\ 0 & 0 & & \\ \vdots & & \ddots & \\ 0 & & & 0 \end{bmatrix} \tag{6.8}$$

传输简化为第 4 章中讨论的单流发射波束赋形。

- 各种流中的 DO（以及 AG）也不同。实际上，第 k 个流 $(k = 0, \cdots, K-1)$ 的 DO 是 $(M-k)(N-k)$[25]。这意味着在 $M \times M$ 的情况下，当第一条流的 DO 为 M^2 时，最后一条流的 DO 仅为 1（这个不对称很难平衡）。

目前还没有完整的解决方案，因为矩阵 $\boldsymbol{A}$ 尚未确定，直觉上会得出结论：$\boldsymbol{A}$ 应该与 $\boldsymbol{D}^{-1}$ 成比例，因此，式 (6.7) 中的 $\boldsymbol{DA}$ 呈现缩放的单位矩阵，得到有相等 SNR 的并行流。

为了研究该问题，需要针对多个流的情况确定最优的传输准则。此外，很明显，使用的最大 SNR 准则对这个问题不是最优的传输准则。对于这种情况，总容量最大准则 [13] 更加合适。在两个流的情况下，优化问题如式 (6.9) 这样具有解析解，分配给第一条流的功率 $\hat{a}_1^2$ 的最优值见图 6-2，这里考虑了两条流的多个 SNR（对应于 $\frac{d_i^2}{\rho^2}$，$i=1,2$）。

$$
\begin{aligned}
\hat{\boldsymbol{a}} &= \underset{\|\boldsymbol{a}\|^2=1}{\arg\max} \sum \log\left(1+\mathrm{SNR}_i\right) \\
&= \underset{\|\boldsymbol{a}\|^2=1}{\arg\max} \sum \log\left(1+a_i^2\frac{d_i^2}{\rho^2}\right)
\end{aligned} \tag{6.9}
$$

其中，SNR_i 为第 i 条流的 SNR。

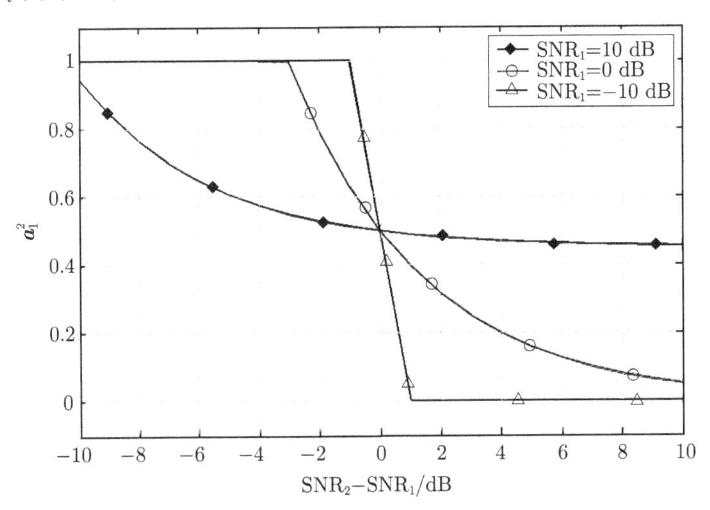

图 6-2　总容量准则下的最优功率分配

显示具有更高 SNR 的流可分配到更多（或全部）功率，并且随着 SNR 的增加，分配变得更加公平。因此，在总容量的意义上，给较弱的流分配更多功率，这种直觉是有误导性的。

第7章 空分多址

7.1 系统模型和基本方案

空分多址（Space Division Multiple Access，SDMA）是一种与闭环 MIMO 非常类似的技术，这两种技术中都是同时发送多条经过波束赋形的流，并且假设发射机获取了完全信道信息。这两种技术之间的区别在于，在 SDMA 中，接收天线属于不同的接收机/用户。为简化这些问题，假设每个接收机都配有一个接收天线，SDMA 配置如图 7-1 所示。

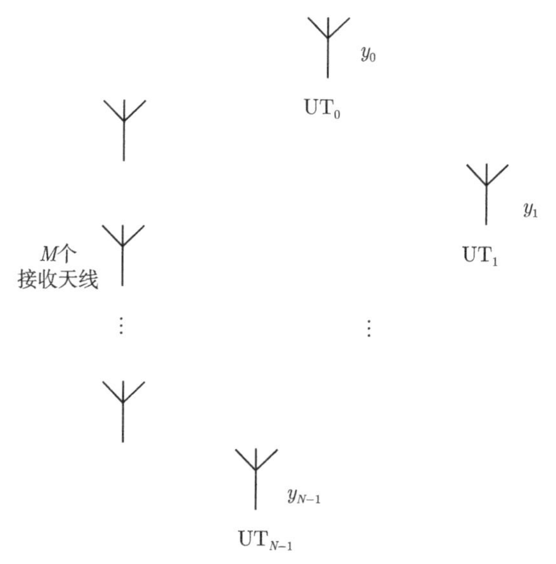

图 7-1　SDMA 配置（每个接收机配备单个接收天线）

在有 M 个发射天线和 N 个 $(N \leqslant M)$ 接收天线的 SDMA 系统中，接收信号的模型是：

$$\underbrace{\begin{bmatrix} y_0 \\ \vdots \\ y_{N-1} \end{bmatrix}}_{\boldsymbol{y}} = \boldsymbol{HW} \underbrace{\begin{bmatrix} s_0 \\ \vdots \\ s_{N-1} \end{bmatrix}}_{\boldsymbol{s}} + \rho \boldsymbol{n} \tag{7.1}$$

其中，y_i 是第 i 个用户天线上接收到的信号，s_i 是传输给第 i 个用户的信息信号。

现在可以明显地区分闭环 MIMO 和 SDMA。在闭环 MIMO 中，所有接收天线属于单个接收机，并且它使用所有这些天线来重构多条信息流（第 i 条流用 $\boldsymbol{u}_i^*\boldsymbol{y}$ 解码）。在 SDMA 中的情况则不同，每个接收机使用其单个天线来重建发送给它的单条信息流。

因此，在 SDMA 中，必须设计预编码矩阵 $\boldsymbol{W}$，使 $\boldsymbol{HW}$ 成对角矩阵或块对角矩阵，否则，将引入多用户干扰（Multi-User Interference，MUI）。

假设 SNR 很高并且主要考虑 MUI，则波束赋形矩阵 $\boldsymbol{W}$ 应该满足：

$$\boldsymbol{HW} = \alpha \boldsymbol{D} \tag{7.2}$$

其中，$\boldsymbol{D}$ 是对角矩阵，α 是缩放因子。

预编码矩阵还应满足单位功率约束：

$$\mathrm{E}[\|\boldsymbol{Ws}\|^2] = 1 \Rightarrow \|\boldsymbol{W}\|_{\mathrm{F}} = 1 \tag{7.3}$$

因此，最直接满足这两个要求的便是 ZF 波束赋形矩阵：

$$\boldsymbol{W} = \frac{\boldsymbol{H}^+\boldsymbol{D}}{\|\boldsymbol{H}^+\boldsymbol{D}\|_{\mathrm{F}}} \tag{7.4}$$

SDMA 的物理解释是，对于第 i 个接收机，SDMA 使用 $\boldsymbol{w}_i$ 创建一个在接收机方向放大 s_i 的波束，并在其他所有 $N-1$ 个接收机的方向上衰减 s_i（空间零陷），如图 7-2 所示，SDMA 波束赋形矩阵如式 (7.4) 所示，还意味着 M 个发射天线阵列可以产生多达 $M-1$ 个零点。

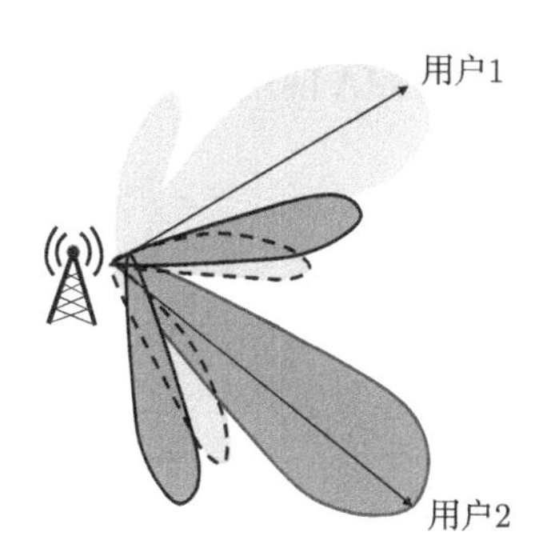

图 7-2 SDMA 中的波束形状使第 n 个 UT 的波束在所有其他用户的方向上处于零陷

实际上，流间的功率分配矩阵 $\boldsymbol{D}$ 是根据多用户传输策略确定的。如果策略是最大化总容量，则 $\boldsymbol{D}$ 的元素将由类似于式 (6.9) 的过程确定。第 i 条流的 SNR（当每个流被分配相同的功率时）与 $\dfrac{1}{\|\boldsymbol{q}_i\|^2}$ 成比例，其中，$\boldsymbol{Q}=\boldsymbol{H}^{+}, \boldsymbol{q}_i$ 是 $\boldsymbol{Q}$ 的列向量。

7.2 更先进的解法和算法

通常情况下，SDMA 发射机是基站（Base Station，BS），具有 M 个天线的基站与 N_{u} 个用户终端（User Terminal，UT）通信。一般 $N_{\mathrm{u}} \gg M$，所以基站不能以 SDMA 方式同时向所有用户终端发送数据。因此，当采用 SDMA 传输时，基站需要将所有用户终端分成多个用户的组，其中每个组的用户数最大为 N，且 $N \leqslant M$，基站将同时向组内的用户发送数据。

有一种很自然地将用户终端分组的方式，是将具有正交信道向量的用户终端分配到同一组中。在这种情况下，MRT 可以独立应用于每个终端，而不引入 MUI。

这种情况下，MRT 也是最佳解决方案。显然，在实际场景中，没有完美正交性，因此，需要相关性最小的集合。

在前面的描述中，假设 SNR 很高，而且主要关注 MUI。然而，SDMA 也会有中低信噪比的应用场景，此时最大化信干噪比（Signal to Interference plus Noise Ratio，SINR）应该取代所采用的零 MUI 的标准 [7,18]。

可对上述思想进行扩展，将 SDMA 应用于具有多个接收天线的接收机上[19,24]，此时接收信号表示为如下形式：

$$\underbrace{\begin{bmatrix} \boldsymbol{y}_0 \\ \vdots \\ \boldsymbol{y}_{N-1} \end{bmatrix}}_{\boldsymbol{y}} = \boldsymbol{HW} \underbrace{\begin{bmatrix} \boldsymbol{s}_0 \\ \vdots \\ \boldsymbol{s}_{N-1} \end{bmatrix}}_{\boldsymbol{s}} + \rho \boldsymbol{n} \tag{7.5}$$

其中，$\boldsymbol{y}_i = [y_{i,0}, \cdots, y_{i,N_{i-1}}]^{\mathrm{T}}$ 是到达第 i 个用户终端的 N_i 个接收天线的信号向量，$\boldsymbol{s}_i = [s_{i,0}, \cdots, s_{i,N_{i-1}}]^{\mathrm{T}}$ 是发送给第 i 个用户终端的信息向量。

假设 $M \geqslant \sum_i N_i$，可以以 SDMA 方式向第 i 个用户终端发送多达 N_i 条空间流，这意味着向所有用户终端提供 $\sum_i N_i$ 并发的信息流。在这种情况下，零 MUI 方法要求 $\boldsymbol{HW}$ 不是对角线，而是分块对角。

$$\boldsymbol{HW} = \begin{bmatrix} \boldsymbol{B_0} & 0 & \cdots & 0 \\ 0 & \boldsymbol{B_1} & & \\ \vdots & & \ddots & \\ 0 & & & \boldsymbol{B_{N_{i-1}}} \end{bmatrix} \tag{7.6}$$

与使用单个接收天线的 $\sum_i N_i$ 用户终端相比，采用这种方法可以带来更好的性能。

上面讨论的所有方法的主要问题在于该方案对信道状态信息的敏感性。实际上，当信道状态信息不完整时（这在实际系统中十分常见），近零 MUI 方法会失败。LTE 和 802.16 m 标准在考虑不同的 SDMA 概念，其中每个用户终端配备 N_e 个 $(N_e > 1)$ 天线，同时传输 K 条 $(K \leqslant N_e)$ 空间流（例如向每个用户终端传输一条空间流）。这样，每个用户终端进行常规的 SM 处理，并忽略提供给其他终端的信息流。在这种方式下，预编码是可选的，但显然引入预编码可以带来更优越的性能。

第二部分

MIMO-OFDM的应用

第 8 章 无线信道

在前面的描述中，假设信道矩阵 $\boldsymbol{H}$ 的每个元素都是单个随机变量，与频率无关。这与平坦衰落的假设对应。本章将介绍更适合无线传播的信道模型。

8.1 传播效应

传播效应通常分为 3 种不同类型的模型。这些模型包括平均路径损耗、由阴影和散射导致的平均值的缓慢衰落，以及由多径效应导致的信号的快速衰落。前两个也称为大尺度衰落，通常被认为与构成信号的频率成分无关（相对于载波频率），而最后一个也称为小尺度衰落，和频率相关。缓慢衰落与快速衰落的模型如图 8-1 所示。

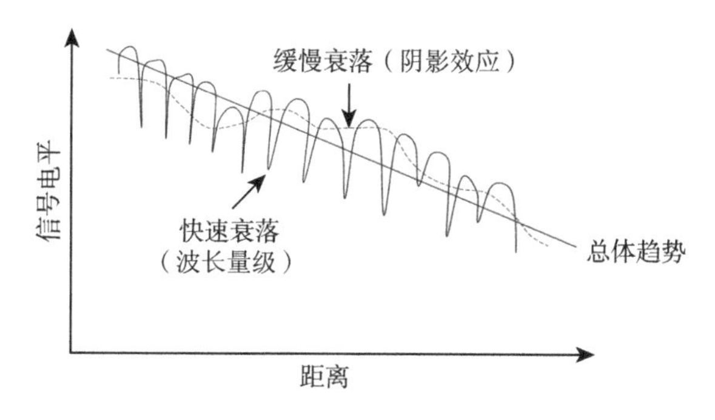

图 8-1　传播效果

8.1.1　路径损耗和阴影

路径损耗 L 描述了无线信道中的平均衰减，这些衰减主要是由发射机和接收机之间的物理间隔造成的。自由空间路径损失作为任何实际路径损耗的下界（远场情况下），表示为：

$$\mathrm{FSPL(dB)} = 20\lg R + 20\lg f + 32.5 \tag{8.1}$$

其中，R 是发射机—接收机间隔（单位：km），f 是载波频率注 1（单位：MHz）。

然而，自由空间路径损失不适合实际的场景，因此路径损耗参数通常是基于经验数据（通过不同物理场景中的测量获得）的。例如，ITU-R[1] 采用以下表达式来描述室外到室内的环境和行人环境：

$$L(\mathrm{dB}) = 40\lg R + 30\lg f + 49 \tag{8.2}$$

其中，f 是 2000 MHz 附近的载波频率。该等式通常对其他场景（例如，车辆）或其他频段（例如，5.8 GHz）无效。

发射机和接收机之间的障碍物也会对信号造成衰减。这个整体现象称为阴影。阴影效应通常是慢衰落（几秒到几分钟）。上面给出的大尺度衰落不包括多径（小尺度衰落）的重要影响，后者将在下一节中讨论。

8.1.2 多径物理意义

当发射机和接收机处于视距（Line-Of-Sight，LOS）的情况下，到达接收机的基带信号的无噪声版本 $y(t)$ 仅仅是发射的基带信号注 2$s(t)$ 的缩放时延版本：

$$y(t) = as(t-\tau) \tag{8.3}$$

其中，a 是复值因子，τ 是传输时延。

然而，在多径情况下，发射的信号会被许多散射体反射，产生多条通往接收机的路径（多径现象）。每条路径会有不同的衰减和不同的传输时延 τ_i（由不同的路径长度所导致）。这种情况称为非视距（Non Line-Of-Sight，NLOS），如图 8-2 所示。

注 1：路径损耗随频率而增加，这不是自由空间带来的影响，而是接收天线孔径带来的影响。

注 2：有关基带信号的更多信息，请参见附录 I。

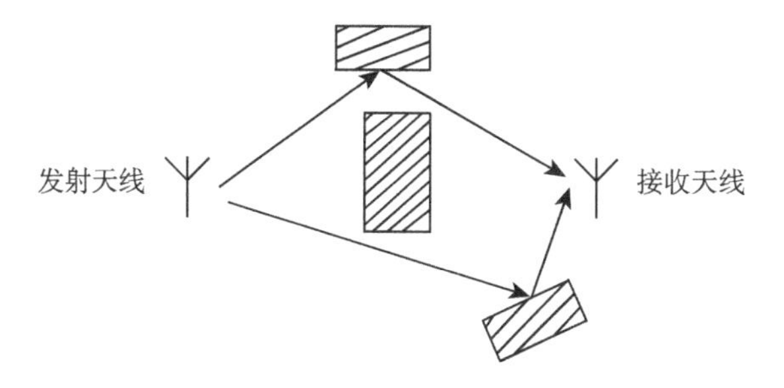

图 8-2　多径场景

在多径场景中，接收信号是 K 个不同路径信号的叠加：

$$y(t)=\sum_{i=0}^{K-1} a_i s(t-\tau_i) \tag{8.4}$$

所以，相应的基带信道 $h(\tau)$ 采用这种形式：

$$h(\tau)=\sum_{i=0}^{K-1} a_i \delta(\tau-\tau_i) \tag{8.5}$$

当发射机、接收机或散射体在运动中时，接收的信号会受到多普勒效应的影响。例如，在 LOS 的情况下，当以绝对速度 v 移动；以相对速度 $v\cos\alpha$ 运动导致的频移为：

$$f_{\mathrm{d}}=f_{\mathrm{m}}\cos\alpha \tag{8.6}$$

其中，f_{m} 是最大多普勒频移：

$$f_{\mathrm{m}}=\frac{v}{\lambda}=\frac{vf_{\mathrm{c}}}{C} \tag{8.7}$$

λ 是波长，C 是光速。

因此，当同时有多径效应和多普勒效应时，接收的基带信号近似为[注 3]：

$$y(t)=\sum_{i=0}^{K-1} a_i \exp\left(-\mathrm{j}2\pi f_{\mathrm{m}}\cos\alpha_i\cdot t\right)s(t-\tau_i) \tag{8.8}$$

其中，α_i 是与第 i 条路径对应的角度。每条路径都可能对原始信号在时延和频率上进行扩展。由于角度不同，与每条路径相关联的扩展可能是不同的，即每条路径

注 3：这种近似与足够短的观察间隔有关，具体请参见附录 J。

具有自己的时延和多普勒频移。对时延上的扩展进行度量，得到时延扩展：

$$\Delta\tau = \max\tau_i - \min\tau_i, \tag{8.9}$$

对频率上的扩展进行度量，可得到多普勒扩展：

$$\Delta f_{\mathrm{d}} = \max\{f_{\mathrm{m}}\cos\alpha_i\} - \min\{f_{\mathrm{m}}\cos\alpha_i\} \tag{8.10}$$

8.1.3 时延扩展

考虑零多普勒的情况（或者可以假设零多普勒扩展），具有式 (8.5) 所示的冲激响应的信道具有如下的频率响应：

$$H(f) = \sum_{i=0}^{K-1} a_i \exp\left(-\mathrm{j}2\pi\tau_i \cdot f\right) \tag{8.11}$$

该频率响应可能随频率显著变化，因此，这些信道被称为频率选择性信道，图 8-3 所示为一个选择性衰落信道的频率响应的例子。

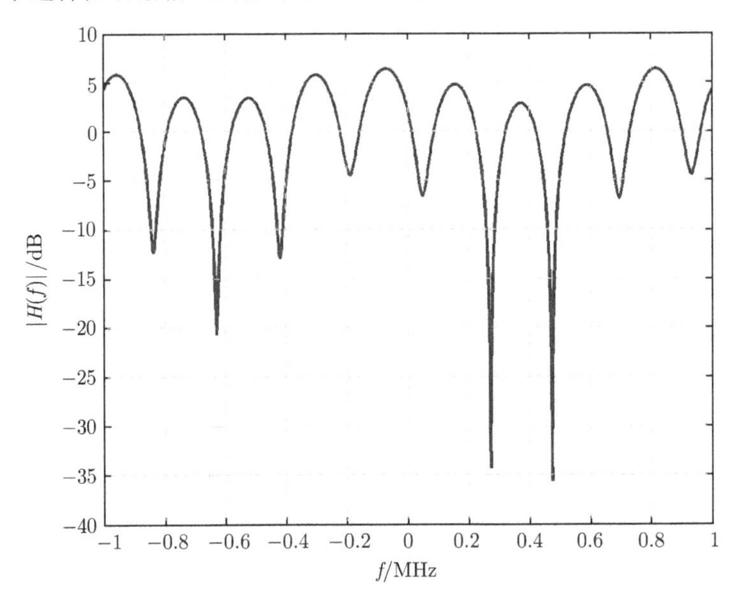

图 8-3 选择性衰落信道的频率响应举例

为了说明多径效应如何影响频率选择性，考虑以下具有两条路径的简单信道：

$$h(\tau) = a_1\delta(\tau) + a_2\delta(\tau - \tau_2) \tag{8.12}$$

如图 8-4 所示，信道幅值在频域中是有选择性的：

$$|H(f)| = |a_1 + a_2 \exp(-\mathrm{j}2\pi\tau_2 \cdot f)| \tag{8.13}$$

此外，信道在频率上变化的快慢程度取决于 τ_2，如图 8-5 所示。而两条路径具有相近的增益则意味着更深的衰落，如图 8-6 所示。

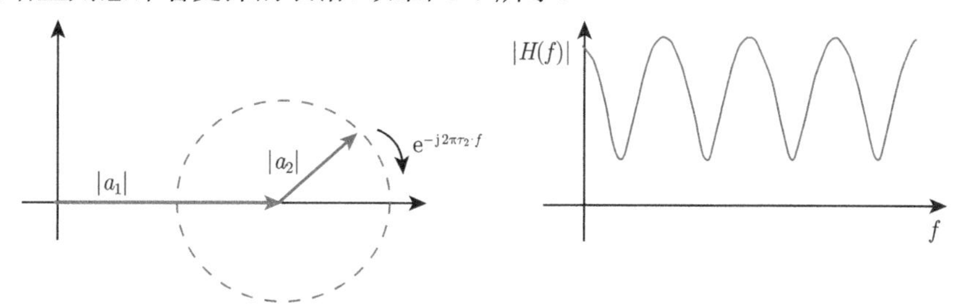

图 8-4　简单的两径信道的幅值

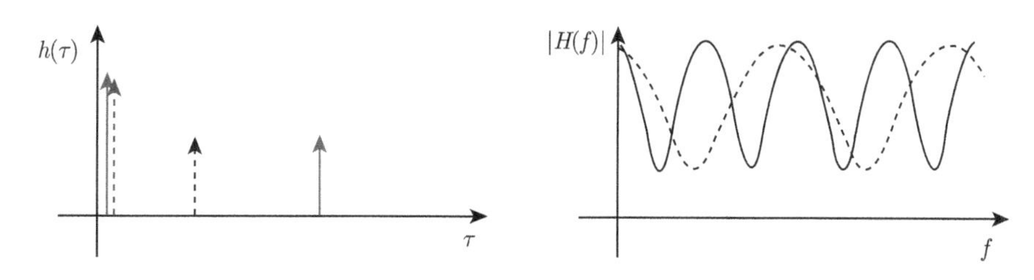

图 8-5　时延扩展越大，信道随频率变化越快

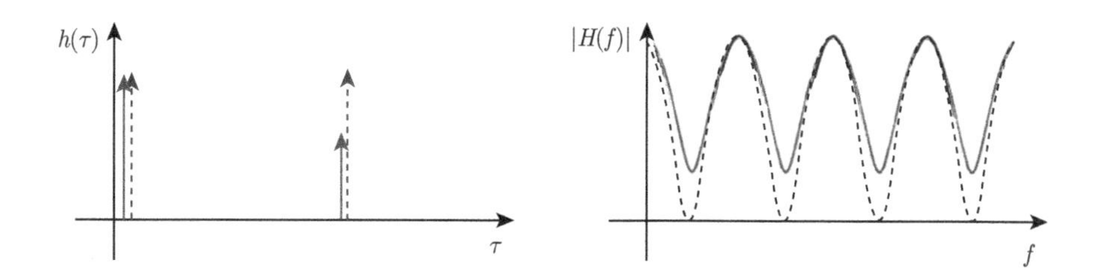

图 8-6　相近的路径增益会导致更深的衰落

现在更清楚的是，式 (8.9) 定义的时延扩展可能会产生误导，因为它没有考虑每条路径的功率。为了解决这个问题，定义了均方根（Root Mean Square，RMS）时延扩展 σ_τ，它是反射时延的 RMS 值，与反射波中的能量成比例加权：

$$\sigma_\tau = \sqrt{\overline{\tau^2} - \overline{\tau}^2} \tag{8.14}$$

其中，

$$\overline{\tau} = \frac{\sum_{i=0}^{K-1} |a_i|^2 \tau_i}{\sum_{i=0}^{K-1} |a_i|^2}; \quad \overline{\tau^2} = \frac{\sum_{i=0}^{K-1} |a_i|^2 \tau_i^2}{\sum_{i=0}^{K-1} |a_i|^2} \tag{8.15}$$

8.1.4 多普勒扩展

考虑零时延的情况（或者可以假设零时延扩展），接收信号如式 (8.8) 采用以下形式：

$$\begin{aligned} y(t) &= s(t) \sum_{i=0}^{K-1} a_i \exp\left(-\mathrm{j}2\pi f_\mathrm{m} \cos\alpha_i \cdot t\right) \\ &= s(t)\, g(t) \end{aligned} \tag{8.16}$$

其中，$g(t)$ 是时变过程：

$$g(t) = \sum_{i=0}^{K-1} a_i \exp\left(-\mathrm{j}2\pi f_\mathrm{m} \cos\alpha_i \cdot t\right) \tag{8.17}$$

注意式 (8.17) 中的 $g(t)$ 和式 (8.11) 中的 $H(f)$ 之间的完全对偶性，多普勒频移 $f_\mathrm{m}\cos\alpha_i$ 在 $g(t)$ 中起到的作用和时延 τ_i 在 $H(f)$ 中起到的作用是一样的。

8.2 信道建模

在设计无线通信系统时，需要将信道模型作为基准来设计和测试我们的算法和机制。模型能够表征信道最重要的特征（例如，时延扩展、多普勒扩展和衰落的概率密度函数）是非常重要的。然而，同样重要的是，这些模型要很容易实现简单的定义（在参数数量方面）和简单的仿真。

信道建模有以下两种主要方法。

- 第一种是射线追踪方法，它绘制所有实体（发射机、接收机、散射体等）的位置和速度，并追踪射线的传播。
- 第二种方法是随机的，信道由它们的统计数据定义（为随机变量和随机过程）。

第二种方法通常更简单，接下来集中讨论。

8.2.1　路径损耗和阴影建模

对路径损耗建模，通常意味着采用类似于式 (8.1) 或式 (8.2) 的路径损耗表达式，仅考虑路径损耗模型的话，从发射机到接收机的信道仅取决于距离（对于固定载波频率而言），并且在以发射机为中心的圆上的所有点上都会有相同的接收功率。

增加阴影效应可以更贴近现实情况，并且使得同样距离的接收机有不同的接收功率。可通过将障碍物的密度及其吸收行为建模为随机数，来表征环境的随机性。例如，ITU-R 在路径损耗模型 [如式 (8.2)] 中增加了对数正态随机变量作为阴影效应，对数正态随机变量的标准偏差为 10 dB。

8.2.2　移动信道建模

在许多场景下，在移动终端周围有许多均匀分布的散射体，K 条路径中的每一条都由被散射体反射的许多子径组成，因此接收信号采用的形式为：

$$y(t)=\sum_{i=0}^{K-1} s(t-\tau_i)\underbrace{a_i\sum_{p}\exp\left(\mathrm{j}\phi_{i,p}\right)\exp\left(-\mathrm{j}2\pi f_{\mathrm{m}}\cos\alpha_{i,p}\cdot t\right)}_{a_i(t)} \tag{8.18}$$

在这种情况下，可以合理假设 $\phi_{i,p}$ 和 $\alpha_{i,p}$ 服从 $U(0,2\pi)$ 的条件，而且独立同分布（i.i.d）。在这些条件下，中心极限定理 (Central Limit Theorem，CLT) 表明过程 $\alpha_i(t)$ 可以用 U 形 PSD [注 4,[8]]的高斯过程做近似。

注 4：U 形 PSD 的推导参见附录 K。

$$S(f)=\begin{cases}\dfrac{1}{\pi f_{\mathrm{m}}}\dfrac{1}{\sqrt{1-\left(\dfrac{f}{f_{\mathrm{m}}}\right)^2}}, & \forall|f|<f_{\mathrm{m}}\\ 0, & \text{其他}\end{cases} \tag{8.19}$$

如图 8-7 所示，按照这种方法，可以将对应于式 (8.8) 的信道写为：

$$h(\tau;t)=\sum_{i=0}^{K-1}a_i(t)\delta(\tau-\tau_i) \tag{8.20}$$

并且假设每个过程 $a_i(t)$ 是一个（通常独立）高斯随机过程，具有给定 PSD（对应于不同的路径功率 σ_i^2 的向上缩放）。这也意味着，在任何时刻 t，信道系数都服从独立的高斯分布，其方差为 σ_i^2。

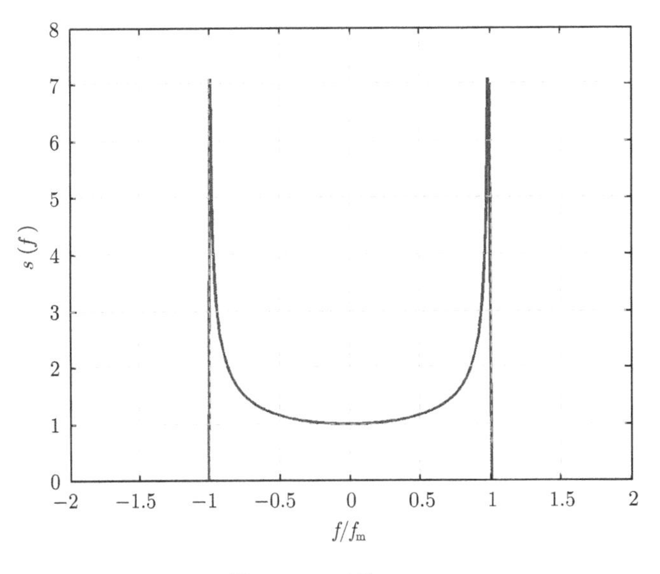

图 8-7 U 形 PSD

基于高斯近似，定义相干带宽 B_{c}，它是信道频率选择性的度量。相干带宽定义为在该频率间隔内与信道幅值高度相关。一个常用的相关系数为 0.5，得到：

$$B_{\mathrm{c}}=\frac{1}{2\pi\sigma_\tau} \tag{8.21}$$

B_c 与 RMS 时延扩展[注 5] σ_τ 成反比的事实，源于傅里叶理论。类似的，相干时间 T_c 被定义为在该时间间隔内与信道高度相关，将相关性设置为 0.5，得到：

$$T_c = \frac{9}{16\pi f_m} \approx \frac{1}{5f_m} \tag{8.22}$$

这意味着在路径损耗和阴影模型的基础上，可以用路径数 K、路径时延 τ_i、路径平均功率 σ_i^2、路径 PSD 类型（如 Jakes 模型）和最大多普勒频率 f_m（根据载波频率 f_c 和速度得到），定义无线移动信道。以下定义了一个基准移动信道的参数表，示例取自参考文献 [1]，如表 8-1 所示。

表 8-1 移动信道参数示例 [1]

车载测试环境（高天线，抽头时延线参数）					
抽头	信道 A 的参数		信道 B 的参数		多普勒频谱
	相对时延/ns	平均功率/dB	相对时延/ns	平均功率/dB	
1	0	0.0	0	−2.5	经典
2	310	−1.0	300	0	经典
3	710	−9.0	8900	−12.8	经典
4	1090	−10.0	12 900	−10.0	经典
5	1730	−15.0	17 100	−25.2	经典
6	2510	−20.0	20 000	−16.0	经典

8.3 移动信道仿真

移动信道仿真包括为不同路径生成独立随机过程 $a_i(t)$。考虑到每个过程都是具有已知方差和归一化 PSD 的高斯过程，可以将复高斯白噪声序列 $w_i(t)$ 通过滤波器 $G(f) = S(f)$ 来生成过程 $a_i(t)$。滤波器的输出是 PSD 等于 $|G(f)|^2 = S(f)$ 的随机过程，然后将滤波器的输出乘以 σ_i 以调整方差，创建随机过程 $a_i(t)$ 的步骤如图 8-8 所示。

注 5：当处理高斯信道时，用 σ_i^2 替换式 (8.15) 中的 $|a_i|^2$。

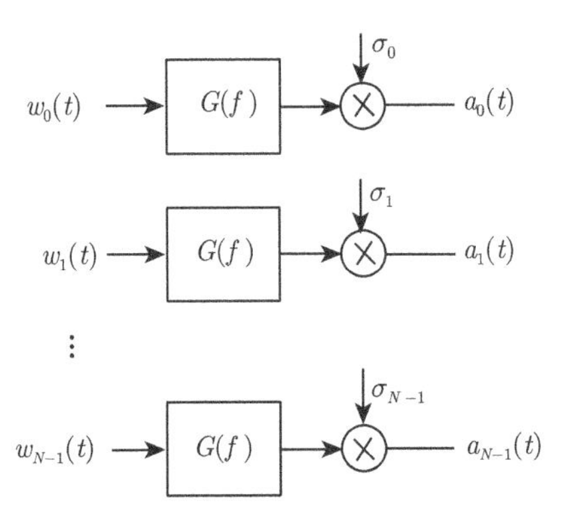

图 8-8 创建随机过程 $a_i(t)$ 的步骤

8.4 MIMO 场景扩展

8.4.1 MIMO 信道

当有多个天线时，每个天线的信道可能不同，为了说明这一点，从有单个发射天线和 N 个接收天线的静态场景开始，假设接收天线形成线性阵列，这意味着它们在直线上等间隔分布，假定间隔距离为 d。

线性阵列如图 8-9 所示。在发射机与接收机相距较远的情况下，假设从阵列的宽边侧进行测量，信号到所有接收天线具有相同的到达角 θ。

这样，两个连续天线之间路径的长度差 Δx 是：

$$\Delta x = d\sin\theta \tag{8.23}$$

第 k 个天线的接收信号是：

$$y_k(t) = a_1\exp\left(-\mathrm{j}\frac{2\pi}{\lambda}k\Delta x\right)s\left(t-\tau_1-k\frac{\Delta x}{C}\right) \tag{8.24}$$

假设信号带宽远小于天线之间的（最大）时延差引起的相干带宽：

$$\mathrm{BW} \ll \left[(N-1)\frac{d}{C}\right]^{-1} \tag{8.25}$$

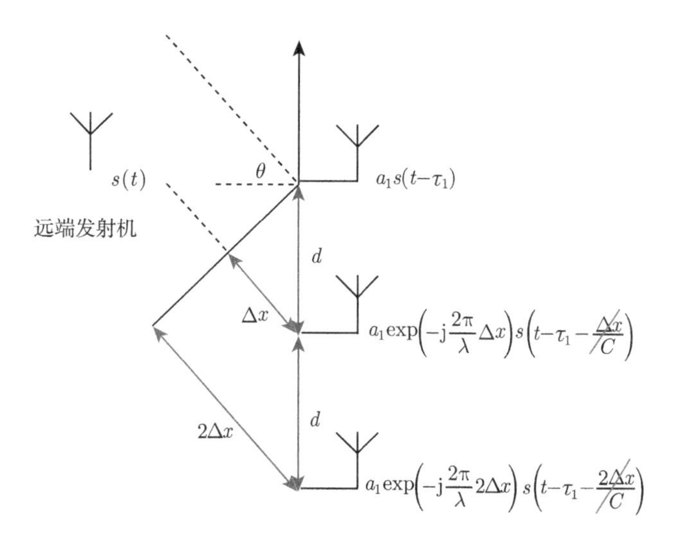

图 8-9 从远处的发射机到一个线性接收阵列的波阵面

忽略差分时延 $k\dfrac{\Delta x}{C}$，所以，对于共同的选择，$d=\lambda/2$，会得到：

$$y_k(t)=a_1\exp\left(-\mathrm{j}\pi k\sin\theta\right)s(t-\tau_1) \tag{8.26}$$

它对应的频域信道为：

$$H_k(f)=a_1\exp\left(-\mathrm{j}\pi k\sin\theta\right)\exp\left(-\mathrm{j}2\pi f\tau_1\right) \tag{8.27}$$

所以，所有信道都有相同的增益：

$$|H_k(f)|=|a_1|\left|\exp\left(-\mathrm{j}\pi k\sin\theta\right)\exp\left(-\mathrm{j}2\pi f\tau_1\right)\right|=|a_1| \tag{8.28}$$

所以，LOS 场景没有分集 DO。

在多径情况下，得到多个路径的叠加，这些路径具有不同的到达角 θ_i，并且可能具有不同的时延 τ_i。那么在第 k 个天线处，接收信号为：

$$y_k(t)=\sum_i a_i\exp\left(-\mathrm{j}\pi k\sin\theta_i\right)s(t-\tau_i) \tag{8.29}$$

它对应的频域信道：

$$H_k(f)=\sum_i a_i\exp\left(-\mathrm{j}\pi k\sin\theta_i\right)\exp\left(-\mathrm{j}2\pi f\tau_i\right) \tag{8.30}$$

即使路径仅在角度上不同（增益和时延均相同）：

$$H_k(f) = a_1 \exp\left(-\mathrm{j}2\pi f \tau_1\right) \sum_i \exp\left(-\mathrm{j}\pi k \sin\theta_i\right) \tag{8.31}$$

信道幅值可能完全不同：

$$|H_k(f)| = |a_1| \left| \sum_i \exp\left(-\mathrm{j}\pi k \sin\theta_i\right) \right| \tag{8.32}$$

这意味着多径创造了空间分集，这就要求 MIMO 信道的随机建模包括空间相关性，其中，空间相关性受天线阵列的几何形状和多径特征的影响。显然，可以考虑更复杂的具有移动性（多普勒）的 MIMO 信道。在这种情况下，每条路径与不同的频率偏移相关联（该偏移值对所有接收天线都一样）。

8.4.2 MIMO 信道建模

在 MIMO 中，存在 MN 个物理信道。如果这些信道是独立的，那么它们中的每一个都可以被视为前面描述的 SISO 信道。此外，通常假设信道是同分布的，因此应该简单地对每个信道独立地执行图 8-8 中的步骤。然而，在许多情况下，假设 MIMO 信道是同分布但具有相关性的。

首先说明 MN 个信道之间的相关性是由 $MN \times MN$ 矩阵 $\boldsymbol{R}$ 定义的，这样就可以为不同的信道对之间定义不同的相关值。该方法的另一个常见扩展是为每个路径分配不同的相关矩阵。推动这种方法的物理动机是，通常而言，接近 LOS 的较短路径与较长路径相比，较长路径会遇到更多的散射体，因此，较短路径比较长路径具有更高的相关性。在该方法中，MIMO 信道用 $\boldsymbol{R}_0, \cdots, \boldsymbol{R}_{K-1}$ 定义，其中 $\boldsymbol{R}_i$ 是与第 i 条路径相关联的维度为 $MN \times MN$ 的相关矩阵。

假设有各条路径的相关矩阵，需要回答的问题是如何创建与路径增益相对应的相关随机过程，相关随机过程可以通过独立过程的线性变换来创建。为了说明这一点，假设 $\boldsymbol{x}$ 是含独立同分布高斯随机变量的向量，这样：

$$\mathrm{E}\left[\boldsymbol{x}\boldsymbol{x}^*\right] = \boldsymbol{I} \tag{8.33}$$

注意，乘积 $\boldsymbol{Cx}$ 的协方差是：

$$\mathrm{E}\left[(\boldsymbol{Cx})(\boldsymbol{Cx})^*\right] = \boldsymbol{CC}^* \tag{8.34}$$

这意味着如果想要创建具有协方差 $\boldsymbol{R}$ 的向量，只需要找到一个矩阵 $\boldsymbol{C}$，使得 $\boldsymbol{CC}^* = \boldsymbol{R}$，借助 $\boldsymbol{R}$ 的 SVD，可以很容易地得到矩阵 $\boldsymbol{C}$，对称矩阵采用以下形式：

$$\boldsymbol{R} = \boldsymbol{VDV}^* = \left(\boldsymbol{V}\sqrt{\boldsymbol{D}}\right)\left(\boldsymbol{V}\sqrt{\boldsymbol{D}}\right)^* \tag{8.35}$$

其中，$\sqrt{\boldsymbol{D}}$ 表示对 $\boldsymbol{D}$ 中的每一个元素进行开方运算。因此，很容易看出，$\boldsymbol{C} = \boldsymbol{V}\sqrt{\boldsymbol{D}}$。

8.4.3 MIMO 信道仿真

通过生成 MN 个 SISO 信道，并通过线性操作引入其路径对应的随机过程之间的相关性，来模拟移动 MIMO 信道。为了理清思路，考虑 2×2 动态 MIMO 信道：

$$\boldsymbol{H}(\tau;t) = \begin{bmatrix} h_0(\tau,t) & h_1(\tau,t) \\ h_2(\tau,t) & h_3(\tau,t) \end{bmatrix} \tag{8.36}$$

其中，每个元素都是 SISO 信道，满足：

$$h_m(\tau,t) = \sum_{i=0}^{K-1} b_{m,i}(t)\delta(\tau-\tau_i) \tag{8.37}$$

其中，$b_{m,i}(t)$ 是第 m 个信道中第 i 条路径的随机过程，关注这 4 个与第一路径对应的随机过程 $\boldsymbol{b}_0(t) = [b_{0,0}(t),\cdots,b_{3,0}(t)]^{\mathrm{T}}$，这些随机过程满足：

$$\mathrm{E}\left[\boldsymbol{b}_0(t)\boldsymbol{b}_0^*(t)\right] = \boldsymbol{R}_0 \tag{8.38}$$

因此，该随机过程由以下乘积生成：

$$\begin{bmatrix} b_{0,0}(t) \\ b_{1,0}(t) \\ b_{2,0}(t) \\ b_{3,0}(t) \end{bmatrix} = \boldsymbol{C}_0 \begin{bmatrix} a_{0,0}(t) \\ a_{1,0}(t) \\ a_{2,0}(t) \\ a_{3,0}(t) \end{bmatrix} \tag{8.39}$$

其中，$\boldsymbol{C}_0$ 满足 $\boldsymbol{C}_0\boldsymbol{C}_0^* = \boldsymbol{R}_0$，$a_{0,0}(t),\cdots,a_{3,0}(t)$ 是由 4 个独立 SISO 信道生成器产生的第一条路径的增益过程，如图 8-8 所示。

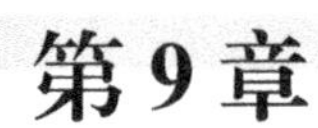

第 9 章 OFDM基础知识

9.1 基本概念

前面讨论了在频率和时间上都具有选择性的无线信道。本章介绍正交频分复用（Orthogonal Frequency Division Multiplexing，OFDM）。OFDM 是一种用于降低信道频率和时间选择性影响的技术，也是一种使得单个高速率数据流可以在大量较低速率的子载波上传输的多载波技术。使用 OFDM 的主要原因之一是它具有有效处理频率选择性信道或窄带干扰的能力。

传统的多载波技术将可用带宽划分为一组非重叠的等间隔子载波，然后在其上复用调制数据。选择子载波之间的间隔以消除信道间干扰，例如，在子载波之间增加保护频带。但是，这些技术带宽的利用率不高，在子载波之间创建正交性是一种有效的方法，可使得子载波之间产生重叠而不增加子载波信道间干扰。

设计这样一种正交多载波技术，首先选择一个时间限制在 $[0,T]$ 的矩形脉冲 $g(t)$。

$$g(t)=\begin{cases}1, & 0\leqslant t\leqslant T\\ 0, & \text{其他}\end{cases} \tag{9.1}$$

$g(t)$ 的频率响应为 $G(f)$。显然，$G(f)$ 将采用 $\mathrm{sinc}(\cdot)$ 函数的形式，第一个零点在 $1/T$ 处，如图 9-1 所示。

可以使用基带信号设计一个简单的单载波传输方案：

$$s(t)=\sum_{m} d_m g(t-mT) \tag{9.2}$$

其中，d_m 是使用 QAM 调制的一系列信息。

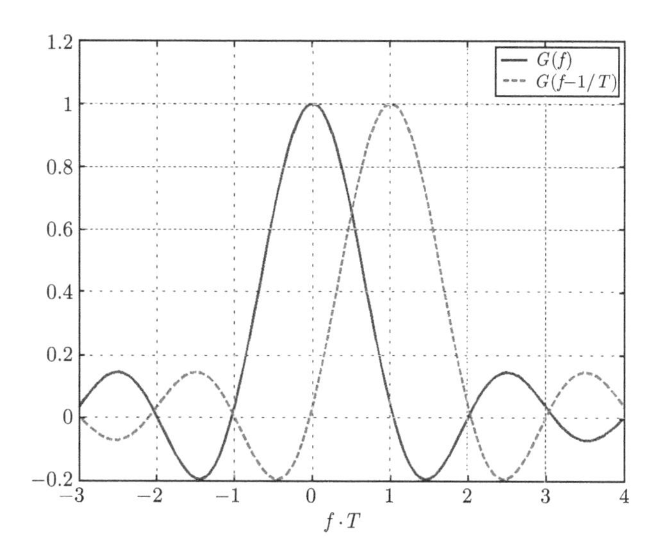

图 9-1　脉冲 $g(t)$ 及其频移脉冲的频域波形

因此，对于 $T = 100$ μs 和 QPSK 调制，每秒可以发送 20 000 bit 的信息，如果恰好有第二个载波，其频率比第一个载波高 $f_k = k/T$，当用相同的符号速率对其进行调制时，结果表明两个信号是正交的，如图 9-1 所示，为了证明这一点，将频率响应 $G(f)$ 移动 k/T。

$$G_k(f) = G(f - k/T) \tag{9.3}$$

这意味着在时域脉冲 $g_k(t)$ 满足：

$$g_k(t) = \exp\left(\mathrm{j}\frac{2\pi kt}{T}\right) g(t) \tag{9.4}$$

这意味着 $g_k(t)$ 与 $g(t)$ 满足相同的定义域，并且它们是正交的，如下所示：

$$\begin{aligned}\int_0^T g(t)g_k^*(t)\,\mathrm{d}t &= \int_0^T g(t)g^*(t)\exp\left(-\mathrm{j}\frac{2\pi kt}{T}\right)\,\mathrm{d}t \\ &= \int_0^T \exp\left(-\mathrm{j}\frac{2\pi kt}{T}\right)\,\mathrm{d}t = 0\end{aligned} \tag{9.5}$$

从 $\mathrm{sinc}(\cdot)$ 函数的峰值可以很明显地看出传输信号在频域的正交性。通过这种方法，可以同时在间隔 $1/T$ 的 N 个载波上进行传输，并实现非常高的频谱效率。这个简单方法的问题在于它需要许多本地晶体振荡器，各个晶体振荡器需要彼此锁定来获得精确倍数的频率，这种困难且昂贵的方案如图 9-2 所示。

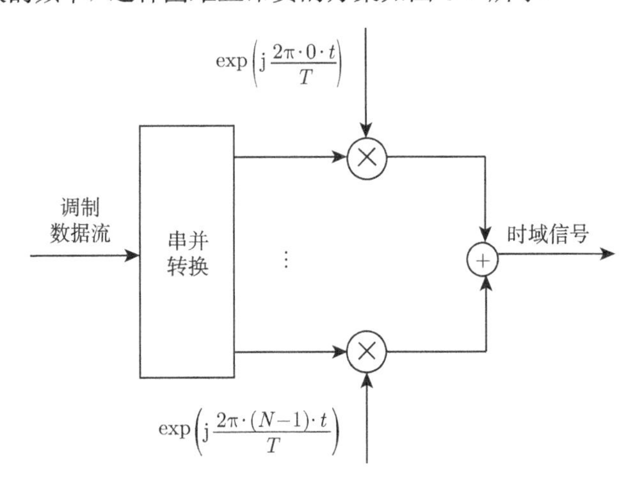

图 9-2　简单的多载波方案

可以通过数字信号处理（Digital Signal Processing，DSP）有效地实现上述多载波方案。如果只关注 $[0,T]$ 中的第一个符号，时域多载波符号采用的形式为：

$$\begin{aligned}
s(t) &= \sum_{k=-N/2}^{N/2-1} d_k g_k(t) \\
&= \sum_{k=-N/2}^{N/2-1} d_k \exp\left(\mathrm{j}\frac{2\pi k t}{T}\right) g(t) \\
&= \sum_{k=-N/2}^{N/2-1} d_k \exp\left(\mathrm{j}\frac{2\pi k t}{T}\right)
\end{aligned} \tag{9.6}$$

其中，d_k 是要在第 k 个子载波上发送的 QAM 符号。

进一步对 $s(t)$ 进行周期为 T/N 的采样，会得到：

$$s_n = s\left(n\frac{T}{N}\right) = \sum_{k=-N/2}^{N/2-1} d_k \exp\left(\mathrm{j}\frac{2\pi k n}{N}\right) \tag{9.7}$$

除了求和区间，这与离散傅里叶逆变换（Inverse Discrete Fourier Transform，IDFT）

非常相似。通过更多的计算，得到：

$$
\begin{aligned}
s_n &= \sum_{k=0}^{N/2-1} d_k \exp\left(\mathrm{j}\frac{2\pi kn}{N}\right) + \sum_{k=-N/2}^{-1} d_k \exp\left(\mathrm{j}\frac{2\pi kn}{N}\right) \\
&= \sum_{k=0}^{N/2-1} d_k \exp\left(\mathrm{j}\frac{2\pi kn}{N}\right) + \sum_{\tilde{k}=N/2}^{N-1} d_{\tilde{k}-N} \exp\left(\mathrm{j}\frac{2\pi(\tilde{k}-N)n}{N}\right) \\
&= \sum_{k=0}^{N/2-1} d_k \exp\left(\mathrm{j}\frac{2\pi kn}{N}\right) + \sum_{\tilde{k}=N/2}^{N-1} d_{\tilde{k}-N} \exp\left(\mathrm{j}\frac{2\pi\tilde{k}n}{N}\right) \\
&= \sum_{k=0}^{N-1} a_k \exp\left(\mathrm{j}\frac{2\pi kn}{N}\right)
\end{aligned}
\tag{9.8}
$$

其中，$\tilde{k}=k+N$，这意味着 s_n 是对序列 d_k 重新排列得到的序列 a_k 的 N 点 IDFT：

$$
a_k = \begin{cases} d_k, & 0 \leqslant k \leqslant \dfrac{N}{2}-1 \\ d_{k-N}, & \dfrac{N}{2} \leqslant k \leqslant N-1 \end{cases}
\tag{9.9}
$$

OFDM 正是采用这种方法，但对 N 值的选择是有限制的。选择 N 的准则是使得快速傅里叶逆变换 (Inverse Fast Fourier Transform，IFFT) 高效地实现 IDFT，例如，N 是 2 的整数幂。在 OFDM 中，N 个 QAM 符号以正交的方式在 N 个子载波上同时发送。发射机是通过对 QAM 符号序列进行 IFFT 变换以及数模转换器（Digital-Analog Converter，DAC）来构造时域 OFDM 符号的。在接收机中，对时域中的接收信号进行采样，并将其划分为长度为 N 的块，每个块对应于单个 OFDM 符号，然后对采样点进行快速傅里叶变换 (Fast Fourier Transform, FFT)。发射机和接收机的结构如图 9-3 所示。

频域中 OFDM 符号的特殊结构将频率选择性信道变换为多个平坦衰落信道。这是因为原则上，频域中的发射信号 $S(f)$ 与信道 $H(f)$[注 1]相乘，所以，接收信号 $Y(f)$ 满足：

$$
Y(f) = S(f)H(f) \tag{9.10}
$$

注 1：将在 9.3 节具体解决该问题。

在子载波频率 $f = k\frac{1}{T} = k\Delta f_{\mathrm{sc}}$ 处，接收信号 $b_k = Y(k\Delta f_{\mathrm{sc}})$ 为：

$$\begin{aligned} b_k &= S(k\Delta f_{\mathrm{sc}})H(k\Delta f_{\mathrm{sc}}) \\ &= a_k H(k\Delta f_{\mathrm{sc}}) \end{aligned} \tag{9.11}$$

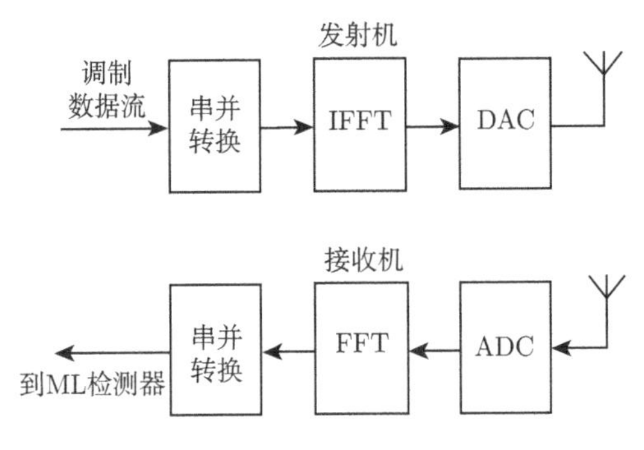

图 9-3　简化的 OFDM 收发机结构

因此，显然每个接收的 QAM 符号 b_k 等于 a_k 乘以复值 $H(k\Delta f_{\mathrm{sc}})$，其中，$H(k\Delta f_{\mathrm{sc}})$ 是调制 a_k 的子载波频率的信道频率响应。这意味着在子载波级别上，OFDM 可以被视为平坦衰落系统，并且在第 1 章中的分析是有效的。

9.2　导频和信道估计

作为 9.1 节的结果，OFDM 中的均衡相当容易做到。均衡器只需要补偿一个简单的恒定复数，一些子载波就可以用于发送已知的导频，这些导频将用于信道估计。随后，估计的信道可用作均衡器的增益和相位值。图 9-4 显示频域中的 OFDM 符号经历了频率选择性衰落。很容易看出，只需通过几个遍布频率轴的导频（例如，使用线性插值），就可以近似估计出整个频率选择性信道。

导频沿着频率轴和时间轴的二维阵列展开，对时频维度中的导频密度应该适当地进行选择，以便能够跟踪信道变化。具体来说，当信道的时延扩展很大时，相干带宽会比较小，那么沿频率轴的导频应足够多以跟踪信道。以类似的方式，当相干时间较短时，就需要时域中有更密集的导频。图 9-5 给出了二维导频网格的一个例子，其中频率轴方向上每 3 个子载波一个导频，时间轴方向上每 4 个符号一个导频。

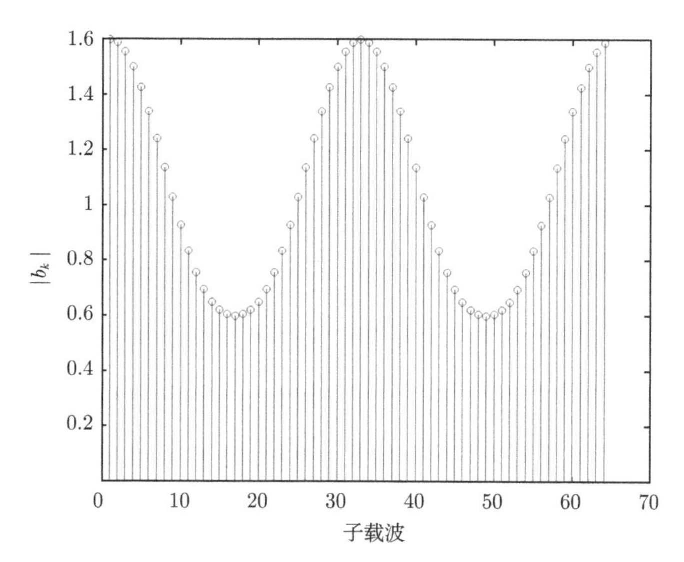

图 9-4　受到选择性衰落信道影响的频域中的 OFDM 符号

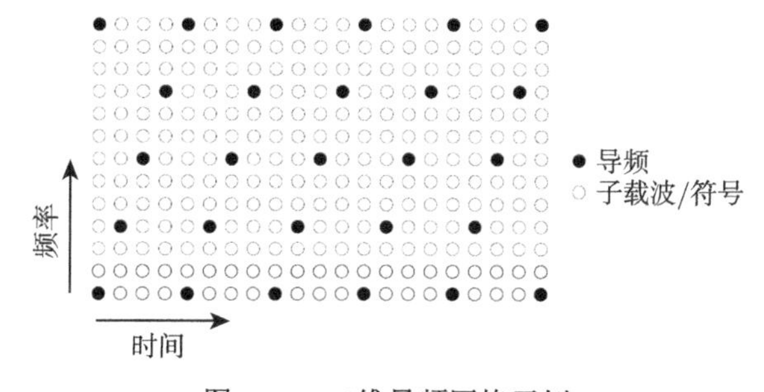

图 9-5　二维导频网格示例

9.3　时间和频率保护间隔

在 OFDM 中，有两个保护措施：保护频带（Guard Band，GB）和保护间隔（Guard Interval，GI）。

GB 是位于占用带宽最左侧和最右侧部分的两个频带。在这些频带中，子载波被设置为零，以确保频带外发射的能量足够小，防止对相邻频带的干扰。GB 强制

sinc(·) 函数衰减到满足频带外发射要求（通常约为−40 dB）。每侧 GB 的大小通常是总子载波数的 10%，具有 GB 的 OFDM 符号如图 9-6 所示。

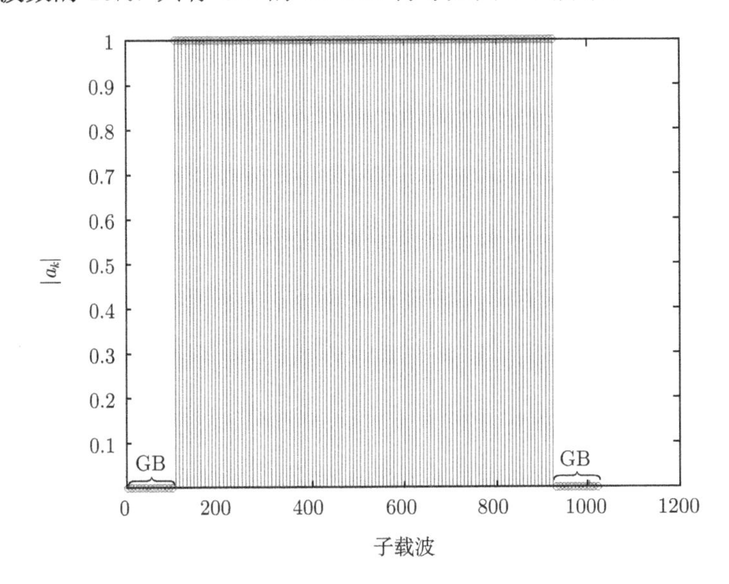

图 9-6　具有 GB 的 OFDM 符号

GI 是用于消除符号间干扰（Inter-Symbol Interference，ISI）的时间保护。当持续时间为 T 的 OFDM 符号通过具有最大时延扩展 $\tau_{\max}$ 的多径信道传播时，信道输出处的符号的持续时间增加到 $T+\tau_{\max}$（这是卷积的基本属性）。因此，如果方案设计不考虑这种影响，则信道输出处的符号会重叠，产生符号间干扰。这个问题的一个简单的解决方案似乎是在连续符号之间插入"安静"的 GI（在此过程不进行传输）。只要 GI 的长度大于最大时延扩展，就不会引入 ISI。

OFDM 在 GI 中包含 OFDM 符号的循环扩展，也称为循环前缀（Cyclic Prefix，CP），而不是插入"安静"的 GI，这意味着如果 GI 的持续时间是 OFDM 符号持续时间的 1/8，则符号的最后 1/8 部分被复制到 GI 中。在接收端，在 FFT 操作之前先移除 GI。GI 插入和移除的过程如图 9-7 所示，相应的收发机结构如图 9-8 所示。CP 可确保 OFDM 符号与信道的脉冲响应成循环卷积，保证子载波之间的正交性并保证足够长的 CP（长于信道的时延扩展），式 (9.11) 成立。

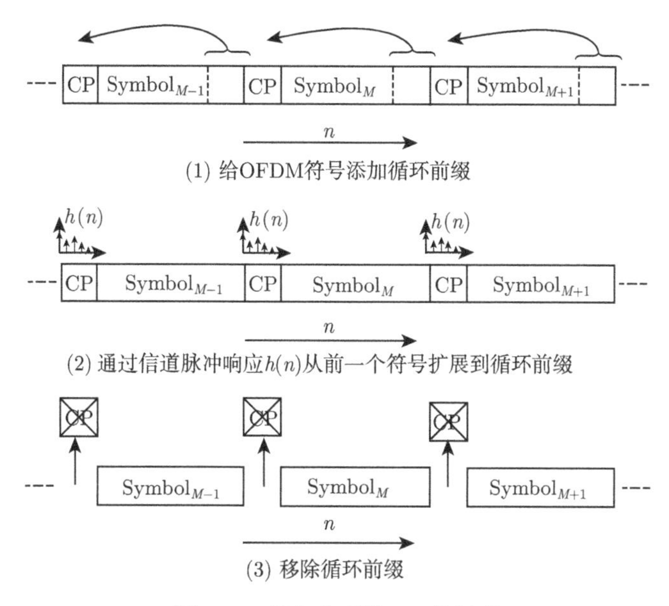

图 9-7　插入和移除 GI 的过程

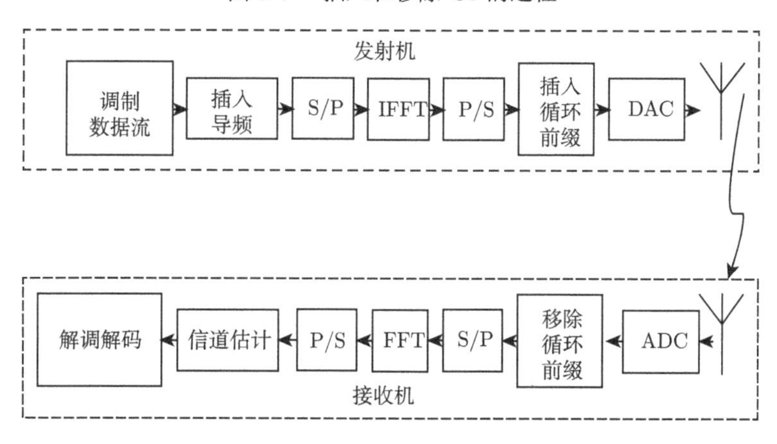

图 9-8　插入和移除 CP 的收发机结构

9.4　时间和频率偏移的影响

如果 OFDM 接收机不补偿发射机和接收机之间的频率偏移，对接收机性能会有显著的影响。如上所述，OFDM 子载波的正交性依赖于在子载波频率处精确地进行频域采样。由于频率偏移 Δf 实际上表明频域中的参考点发生了移位，因此接收机实际频域采样点会与最佳采样点有偏移。偏移的采样点为 $k\Delta f_{\mathrm{sc}}+\Delta f$，因此子载波的正交性受到影响。通常情况下，接收机将允许不超过子载波间隔 Δf_{sc} 几个百分点的频率偏移。

由于同步误差，CP 将定时偏移（Timing Offset，TO）转换为时域中符号的循环移位（实际上，这仅在一个方向上成立）。因此，在接收机的 FFT 操作之后，该移位被转换为频域中的线性相位。具体来说，时域中的 Δn 样本的偏移将频域中的原始符号 b_k 变为：

$$\hat{b}_k=b_k\exp\left(-\mathrm{j}\frac{2\pi\Delta nk}{N}\right) \tag{9.12}$$

代入式 (9.11) 中的 b_k，式 (9.12) 可以写为：

$$\hat{b}_k=a_k\underbrace{H(k\Delta f_{\mathrm{sc}})\exp\left(-\mathrm{j}\frac{2\pi\Delta nk}{N}\right)}_{H_{\mathrm{eq}}(k\Delta f_{\mathrm{sc}})} \tag{9.13}$$

其中，$H_{\mathrm{eq}}(k\Delta f_{\mathrm{sc}})$ 是包括定时偏移影响的等效信道。

因此，对于足够小的 Δn 值，时间偏移对接收机来说是感知不到的，接收机会估计等效信道，并利用等效信道对时间偏移进行补偿。

9.5 OFDM 参数权衡

回顾一些原始的 OFDM 参数，并讨论相关的权衡。首先可注意到 OFDM 中的采样频率 f_{s} 是 $N/T=N\Delta f_{\mathrm{sc}}$，约等于占用带宽（包括保护频带）。假设根据 OFDM 符号持续时间来设置固定的 GI（例如 10%），则面临的问题仍是确定需要的子载波的数量（即 FFT 的长度）。

这个问题的答案揭示了以下有趣的权衡，N 的值越大（即子载波越多，子载波的间隔越小），则符号 $T=N/f_{\mathrm{s}}$ 的持续时间越长。这意味着 GI 更长，并且传输可以容忍更大的时延扩展而不产生 ISI。然而，因为子载波的间隔更小，这也意味着传输对频移更敏感。要进一步注意到吞吐量与 N 无关。因此，在实际系统中，可根据目标场景的时延扩展和频移来确定子载波的数量。

9.6　PAPR 问题

作为一种多载波技术，OFDM 具有较高的峰均功率比（Peak-to-Average Power Ratio，PAPR）。由于子载波的组合具有偶发性，大量子载波的使用会在时域上产生高度变化的包络和很高的峰值。因此，OFDM 要求前端功率放大器（Power Amplifier，PA）具有较大的线性区域，这一点对 PA 来说是很难满足的。时域 OFDM 符号的示例如图 9-9 所示，在时域采样点 250 处出现峰值。

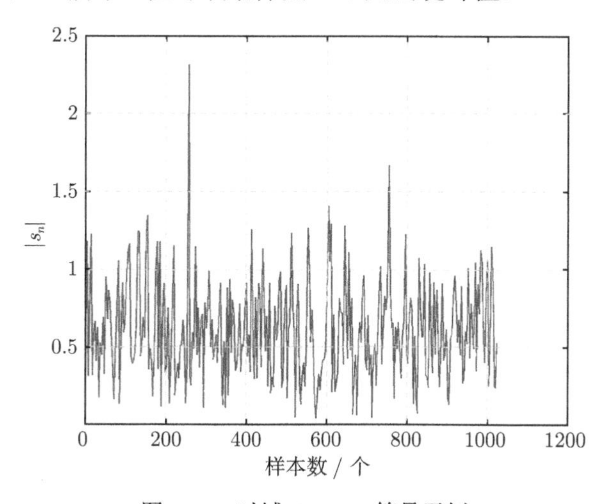

图 9-9　时域 OFDM 符号示例

当时域的峰值超过 PA 的线性范围时，会使子载波的正交性受到损失，这将导致误码率恶化。非线性放大器的另一个影响是频谱扩展和带外干扰，影响相邻频带。高功率效率在移动无线电通信中至关重要。然而，在 PA 饱和点附近操作将导致不必要的非线性干扰，并且这一缺陷带来的影响可能大于 OFDM 系统优点带来的影响。因此，降低 PAPR 是 OFDM 系统中的重要问题，尤其是在用户终端侧，PA 需要保持低成本，参考文献 [20]中总结了一些降低 PAPR 的方法。

第10章 OFDMA和SC-FDMA

在前面的描述中讨论了 OFDM 技术。本章将研究 OFDM 的泛化，即正交频分多址（Orthogonal Frequency Division Multiple Access，OFDMA）。然后，讨论单载波频分多址（SC-FDMA），这是用于 LTE 上行链路的 OFDMA 的变体。

10.1 从 OFDM 到 OFDMA

在大多数现代通信系统中，基站（BS）和用户终端（UT）之间的链路是双向的。BS 到 UT 的传输链路被称为下行链路（downlink，DL），从 UT 到 BS 的传输链路被称为上行链路（uplink，UL）。DL 和 UL 传输必须在某个域中分开。在时分双工（Time Division Duplex，TDD）中，DL 和 UL 在相同的频段、不同的时刻发送。在频分双工（Frequency Division Duplex，FDD）中，DL 和 UL 在不同的频段、相同的时刻发送。

在 TDD OFDM 中，传输通常通过成帧的一组符号完成。帧是由 DL 符号（DL 子帧）和 UL 符号（UL 子帧）组成的。每个 DL 符号的目的地可以是多个 UT（以广播方式），并且每个 UL 符号由单个 UT 发送。图 10-1 为 TDD OFDM 帧结构的示例，在 DL 中，每个不同图例的柱子表示一个 OFDM 符号。在 UL 中，每个不同图例的柱子表示由不同 UT 发送的 OFDM 符号。

OFDMA 可以被视为 OFDM 的泛化，在 OFDMA 中，不是每次分配整个 OFDM 符号，而是分配在时间和频率上呈现矩形的二维时频资源。这种方法支持更灵活地给不同 UT 分配资源（称为调度）。除此之外，OFDMA 还为远程 UT（Distant UT）提供了另一个显著优势。远程 UT 需要更多功率以在 BS 处获得足够的 SNR。OFDMA 为远程 UT 分配少量子载波来发送信息。远程 UT 将其所有能量集中在一小段频段上，这样 BS 接收到的用户信号具有显著增强的 SNR。通过下面的例子来说明此特性的重要性，假设一个 FFT 大小为 1024 的 OFDMA 系统，最少分配 4 个子载波（在频域）。采用 OFDMA 方法之后的 SNR 增益会高达 10lg(1024/4)，约为 24 dB。图 10-2 给出了包含远程 UT 分配的 OFDMA 帧结构的示例[注 1]。

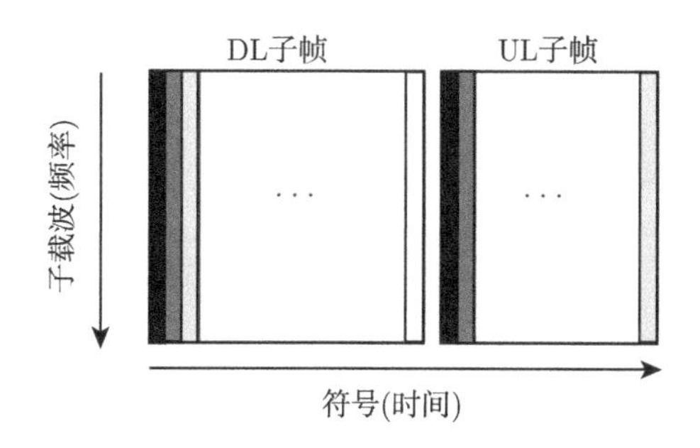

图 10-1　TDD OFDM 帧结构

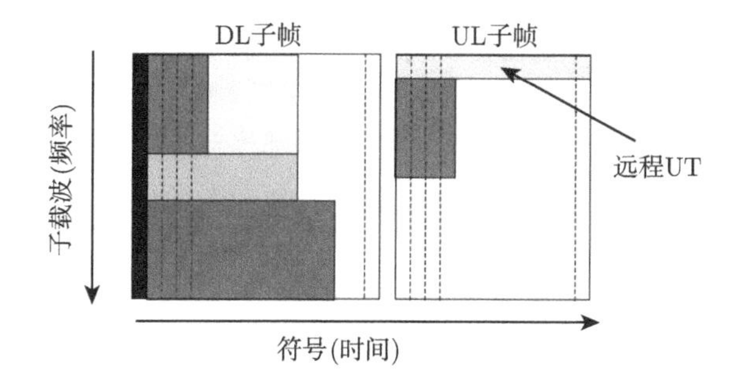

图 10-2　TDD OFDMA 帧结构

10.2　OFDMA 的变形 SC-FDMA

虽然 IEEE 802.16e 将 OFDMA 用于 DL 和 UL 传输，但 LTE 选择 OFDMA

注 1：在 IEEE 802.16e 传输方案中，子载波的排列是通过伪随机的方式进行的，这样可得到频率分集。在这些方案中，图 10-2 描述了排列之前的逻辑分配。

的变体——SC-FDMA 用于 UL 传输。在 SC-FDMA 中，在每个 OFDM 符号处，在 OFDM 的常规 N 点 IFFT 之前，M 个有效子载波（包含 M 个 QAM 星座点）就会先经过 $M < N$ 点 DFT 操作。DFT 操作可以被视为预编码，SC-FDMA 中的收发机的结构如图 10-3 所示。除了发射机的短 DFT 操作和接收机的短 IDFT 操作之外，收发机其他处理（IFFT、CP、FFT 等）保持不变。

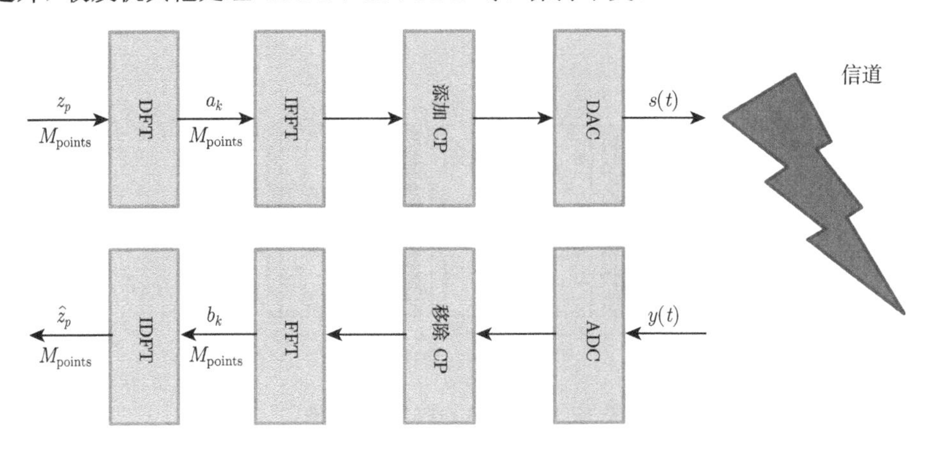

图 10-3　SC-FDMA 中的收发机结构

设定 M 个有效子载波在某个频段（局部模式）下连续，在这种情况下，发送的信号采用以下形式（此处忽略了频移）：

$$s(t) = \sum_{k=0}^{M-1} x_k \exp\left(\mathrm{j}\frac{2\pi kt}{T}\right), \qquad -T_{\mathrm{g}} \leqslant t \leqslant T \tag{10.1}$$

其中，T_{g} 为保护间隔的时间长度，x_k 是 DFT 的输出：

$$x_k = \sum_{p=0}^{M-1} z_p \exp\left(-\mathrm{j}\frac{2\pi kp}{M}\right) \tag{10.2}$$

运行在 QAM 符号 z_p 上，在式 (10.1) 中代入式 (10.2)，得到：

$$s(t) = \sum_{k=0}^{M-1} \sum_{p=0}^{M-1} z_p \exp\left(-\mathrm{j}\frac{2\pi kp}{M}\right) \exp\left(\mathrm{j}\frac{2\pi kt}{T}\right)$$

$$= \sum_{p=0}^{M-1} z_p \underbrace{\sum_{k=0}^{M-1} \exp\left(\mathrm{j}\frac{2\pi k}{T}\left(t-\frac{T}{M}p\right)\right)}_{\phi\left(t-\frac{T}{M}p\right)}$$

所以，$s(t)$ 的单载波形式是显而易见的，由此产生的脉冲形状：

$$\phi(t) = \sum_{k=0}^{M-1} \exp\left(\mathrm{j}\frac{2\pi kt}{T}\right), \qquad -T_{\mathrm{g}} \leqslant t \leqslant T \tag{10.3}$$

是一个周期性的 $\mathrm{sinc}(\cdot)$ 函数，第一个零点在 $\dfrac{T}{M}$ 处，如图 10-4 所示。

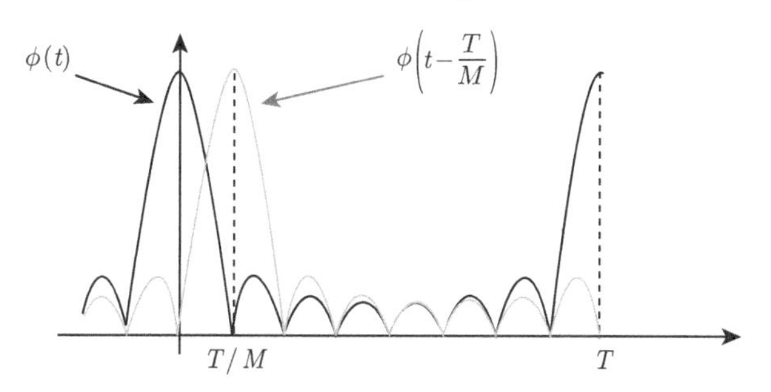

图 10-4　移位的 SC-FDMA 脉冲

对单载波性质的分析表明了 SC-FDMA 最重要的优点，就是具有较低的 PAPR（传统上单载波调制具有低 PAPR，尤其是当调制阶数较低时，例如 BPSK 和 QPSK）。事实上，就 PAPR 而言，SC-FDMA 通常比 OFDMA 具有低 2~4 dB 的优势。

SC-FDMA 最严重的缺点在于，即使在 SISO 的情况下，简单的线性解码也不是最优的（事实上，图 10-3 中描绘的方案不是最优的）。为了证明这一点，假设特定符号上具有 M 个有效子载波，因此要传输 $M \times 1$ 个向量。M 点 DFT 操作可以被视为与归一化的傅里叶矩阵 $\boldsymbol{F}$ 相乘，所以在 FFT 之后（在 IDFT 之前），接收端的接收信号为：

$$\boldsymbol{y} = \boldsymbol{HFs} + \rho\boldsymbol{n} \tag{10.4}$$

其中，$\boldsymbol{H}$ 是对角矩阵，其对角线上是对应子载波频率的信道响应。

除非 $\boldsymbol{H}^*\boldsymbol{H}$ 是缩小的单位矩阵（也就是说，所有子载波的信道幅度相同，这意味着相干带宽很大），否则矩阵 $(\boldsymbol{HF})^*\boldsymbol{HF}$ 不是对角矩阵，因此 ZF 表达式不是最优的。

$$\hat{\boldsymbol{s}} = (\boldsymbol{HF})^{-1}\boldsymbol{y} = \boldsymbol{F}^*(\boldsymbol{H})^{-1}\boldsymbol{y} \tag{10.5}$$

观察到次优 ZF 解，如式 (10.5) 所示，实际上是标准频域均衡（$\boldsymbol{H}^{-1}$ 是对角矩阵），然后再进行 IDFT 变换（由 $\boldsymbol{F}^*$ 表示）。

SC-FDMA 的另一个限制是导频子载波应位于特殊符号处（数据和导频子载波在 OFDMA 中不能存在于同一个 OFDM 符号中），这限制了资源块调度的灵活性。

第 11 章 MIMO OFDM的实际应用

前文研究了采用 SISO 配置的 OFDM 技术。本章将介绍 OFDM 和 MIMO 的融合，这两种技术的融合是很自然的，因为 MIMO 依赖于多径效应产生的空间分集，而 OFDM 则用来处理多径效应的情况。而且，这两种技术的目标都是提高频谱效率。因此，MIMO OFDM 已成为第四代（4G）宽带无线接入的主要构建模块之一。

11.1 OFDM 与 MIMO 的融合

在第 9 章中，我们得出结论，在 FFT 之后，第 k 个子载波上的接收信号 b_k（在 SISO 情况下）具有以下形式：

$$b_k = H(k\Delta f_{\text{sc}})a_k \tag{11.1}$$

将这种理解扩展到 MIMO 的情况，并引入加性白噪声，得出结论：第 k 个子载波上的接收信号向量 $\boldsymbol{y}_k$ 满足：

$$\boldsymbol{y}_k = \underbrace{\begin{bmatrix} H_{0,0}(k\Delta f_{\text{sc}}) & H_{0,1}(k\Delta f_{\text{sc}}) & \cdots & H_{0,M-1}(k\Delta f_{\text{sc}}) \\ H_{1,0}(k\Delta f_{\text{sc}}) & & & \\ & & \ddots & \\ \vdots & & & \\ H_{N-1,0}(k\Delta f_{\text{sc}}) & & & H_{N-1,M-1}(k\Delta f_{\text{sc}}) \end{bmatrix}}_{\boldsymbol{H}_k} \boldsymbol{a}_k + \rho \boldsymbol{v}_k \tag{11.2}$$

这与在本书第一部分中得到的模型完全相同，这意味着第一部分中给出的所有 MIMO 方法和分析都适用于子载波级别的 MIMO OFDM。为了简化表示方法，在下文中假设数学模型是基于子载波的，并忽略子载波编号下标 k。此外，由于所有

MIMO 方法都涉及对信道矩阵 $\boldsymbol{H}$ 的某种数学操作（例如，$\boldsymbol{H}^{+}$ 的计算和波束赋形向量的计算）。这些操作对在信道的相干带宽内的一组子载波可以只做一次。类似的证明同样适用于时域，因此这些操作对在信道的相干时间内的一组符号只需进行一次。

11.2 MIMO OFDM 中的导频模式

MIMO 对发送和处理导频的方式施加了新的限制，以得到足够的信道估计。这些限制各不相同，而且通常取决于所实现的 MIMO 传输方法，特别考虑以下 MIMO 模式及其对导频模式的相应限制。

- $1\times N$ 配置，接收机采用 MRC。这里导频模式与 SISO 中的导频模式相同，因为每个天线可以独立地进行信道估计。
- $N\times M$ 配置，STC 或 SM 传输模式。这里接收机应该估计整个 $N\times M$ 信道矩阵。最典型的解决方案之一，是在不同发射天线发送的导频之间创建正交性。常见的方法是在发射天线之间将导频子载波分离开，使得当某个天线发送导频时，所有其他 $M-1$ 个发射天线发送空值。这样在第一个天线发射导频时，接收信号给出：

$$\boldsymbol{y}=\boldsymbol{H}\begin{bmatrix}1\\0\\\vdots\\0\end{bmatrix}+\rho\boldsymbol{v}=\begin{bmatrix}h_{0,0}\\h_{1,0}\\\vdots\\h_{N-1,0}\end{bmatrix}+\rho\boldsymbol{v}\tag{11.3}$$

  因此，所有 M 个发射天线都遵循该过程，从而可对整个矩阵 $\boldsymbol{H}$ 进行信道估计。
- $N\times M$ 配置，特征波束赋形传输模式。在这种情况下，导频模式与 SISO 相同，除了以下重要差异。这里接收的导频受波束赋形向量 $\boldsymbol{v}$ 的影响，因此不能用于非波束赋形传输的信道估计，这些导频被称为专用导频。
- $N\times M$ 配置，闭环 MIMO 传输模式，在接收机处进行 SVD 计算。当接收机要计算信道矩阵 $\boldsymbol{H}$ 的 SVD（参见 11.3.2 节）时，它应该能够估计整个信道矩阵。因此，这里的导频模式类似于 STC 和 SM。

11.3　从发射机获取信道信息

一些更有效的 MIMO 方案需要在发射机处获得信道信息，这些信息反过来允许发射机采用波束赋形传输。因此，OFDM MIMO 中的关键问题是获取该信息的手段。在这方面，有两种主要方法，一种是基于信道互易的概念，另一种是基于接收机的反馈。本节将介绍这些方法。

11.3.1　互易性方法

从图 11-1 中描述的 SISO 案例开始，信道 $H_{\mathrm{f}}(f;t)$ 是从 BS 天线到 UT 天线的前向 SISO 信道，$H_{\mathrm{r}}(f;t)$ 是反向信道。这里，信道随时间而变化，因此它们也是时间的函数。

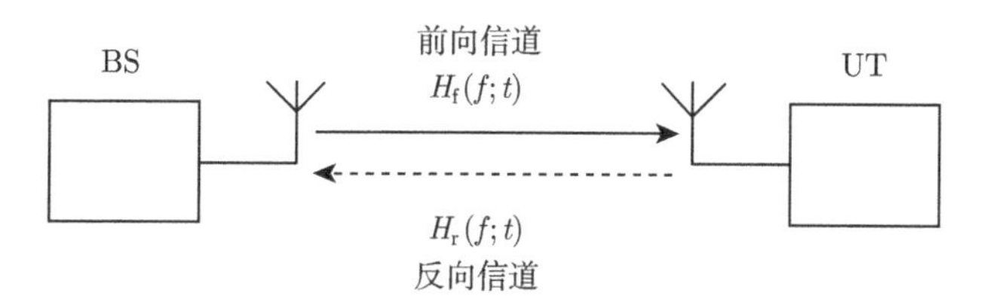

图 11-1　前向信道和反向信道

互易性原理指出，如果信道使用的时间、频率和天线都相同，则前向信道和反向信道也是相同的：

$$H_{\mathrm{f}}(f;t)=H_{\mathrm{r}}(f;t) \tag{11.4}$$

显然，互易性原理可以扩展到天线阵列，其中互易性应用于每对发射天线和接收天线。因此，允许发射机（通常是 BS）获得信道信息的简单方式，就是与在上行链路中 UT 发送的特殊信号相结合，从而允许在 BS 处进行足够的信道估计。

该信号通常采用一种类似于 BS 传输前导符号的形式，即探测符号。探测符号包括在某个预定义频段上的导频子载波，波束赋形传输也被限制在相同的频段。在许多情况下，BS 想要将经波束赋形后的信号发送给多个用户。因此，BS 需要获取关于若干用户的信道信息，当每个 UT 发送的导频在频域中被抽取时（例如，每个 UT 每 k 个子载波发送一次导频），一个探测符号可以容纳 k 个 UT。传输被抽取的导频使 BS 能通过内插或滤波来近似得到每个 UT 的信道。图 11-2 给出了通过抽取的方式来容纳多个用户的探测符号。

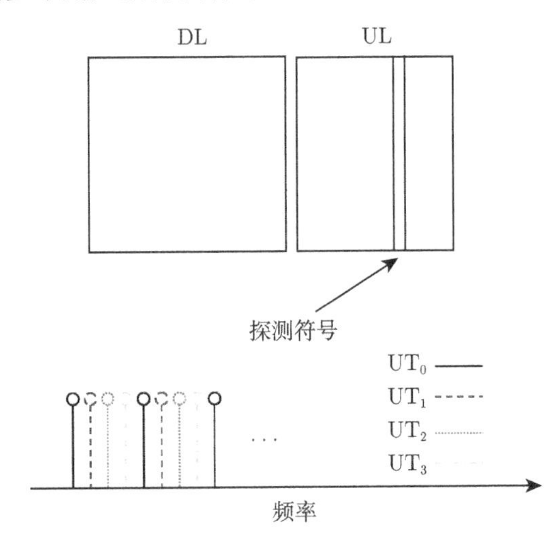

图 11-2　通过抽取的方式来容纳多个用户的探测符号

互易性方法通常不适用于 FDD 通信系统，因为 DL 和 UL 在不同的频段上传输 [但在 FDD 中，UL 可用于估计信号的到达方向（Direction Of Arrival，DOA）]。此外，在 TDD 系统中，互易性方法对信道的相干时间设定了严格的要求。这是由于 UL 和 DL 在时间上彼此分离，因此信道可能在探测传输和波束赋形传输的 DL 中已经有所变化。因此，互易性方法通常适用于缓慢变化且相干时间足够长的信道。

11.3.2　反馈方法

另一种用于在发射机处获得信道信息的方法，是基于来自 UT 的信道信息反馈。在这种方法中，UT 以通用的方式估计信道，并反馈有关信道的信息。反馈信息（以比特为单位）通常由接收机估计的、经过量化的信道矩阵或从其导出的其他矩阵组成。

根据这个思路，在闭环 MIMO 中，UT 可以反馈估计信道矩阵的量化版本，或者反馈在信道矩阵 $\boldsymbol{H}$ 的 SVD 分解中得到的右酉矩阵 $\boldsymbol{V}$ 的量化版本以及量化的奇异值。显然，$\boldsymbol{V}$ 的反馈比 $\boldsymbol{H}$ 的反馈更有效，因为 $\boldsymbol{V}$ 可以是比 $\boldsymbol{H}$ 更小的矩阵，并且 $\boldsymbol{V}$ 是一个自由度较小的酉矩阵。为了证明这个想法，回想一下，2×2 实值酉矩阵 $\boldsymbol{V}$ 可以写成：

$$\boldsymbol{V}=\begin{bmatrix}\cos\theta & -\sin\theta\\ \sin\theta & \cos\theta\end{bmatrix}\tag{11.5}$$

所以，$\boldsymbol{V}$ 可由一个实数 θ 定义，而不是如一般实值 2×2 矩阵那样需要 4 个实数来定义。

在 IEEE 802.16e 和 LTE 标准中，$\boldsymbol{V}$ 的量化通过从预定义码本中选择最合适的酉矩阵来完成，码本通常保留 8~64 个酉矩阵。因此，3~6 bit 的反馈就定义了从码本中选出的酉矩阵。表 11-1 中给出了 2×2 情形下的一个 IEEE 802.16e 码本示例。此外，UT 可以仅反馈一个奇异向量，以适应单流波束赋形 [10,14,26]。

表 11-1　2×2 情形下的 IEEE 802.16e 码本示例

矩阵索引（二进制）	第 1 列	第 2 列	矩阵索引（二进制）	第 1 列	第 2 列
000	1	0	100	0.7941	0.6038 − j0.0689
	0	1		0.6038 + j0.0689	−0.7941
001	0.7940	−0.5801− j0.1818	101	0.3289	0.6614−j0.6740
	−0.5801 + j0.6051	−0.7940		0.6614 + j0.6740	−0.3289
010	0.7940	0.0576 − j0.6051	110	0.5112	0.4754 + j0.7160
	0.0576 + j0.6051	−0.7940		0.4754 − j0.7160	−0.5112
011	0.7940	−0.2978 + j0.5298	111	0.3289	−0.8779 + j0.3481
	−0.2978 −j0.5298	−0.7940		−0.8779 − j0.3481	−0.3289

互易性和反馈方法之间的一个重要区别在于，反馈方法也适用于 FDD 系统。这些方法在某种意义上是相似的，它们都对信道的相干时间有相似的要求。因此，类似的，反馈方法也适用于缓慢变化的信道。

第三部分

习题与答案

- 习题1 相关噪声的STC
- 习题2 相关信道的MRC错误概率
- 习题3 交换I分量和Q分量
- 习题4 具有相关噪声的SM的高效实现
- 习题5 OFDM中导频的数量和位置
- 习题6 加窗的OFDM符号
- 习题7 SC-FDMA系统的ZF接收机的ppSNR
- 习题8 H^*H 为分块对角矩阵时的SM
- 习题9 OFDM和破坏正交性的预编码
- 习题10 增加一个接收天线的MRT
- 习题11 OFDM静默保护
- 习题12 几何MIMO信道模型
- 习题13 容忍干扰的SM方案
- 习题14 波束赋形降低时延扩展
- 习题15 低通OFDM
- 习题16 IQ不平衡的最优OFDM检测
- 习题17 使用IFFT的低复杂度SDMA预编码
- 习题18 强干扰源下的接收机分集
- 习题19 BLE MIMO检测中的ppSINR
- 习题20 具有最小相关性的最佳天线间距
- 习题21 时域零陷的宽带信号
- 习题22 选择分集上的DO和AG
- 习题23 双射线模型
- 习题24 超带宽的SC-FDMA
- 习题25 莱斯衰落的接收分集的DO和AG
- 习题26 OFDM相位噪声导致ICI
- 习题27 应用降维矩阵后的检测
- 习题28 循环时延创建每个子载波的发射波束赋形
- 习题29 无多径的ZF 2×2
- 习题30 具有定时偏差的FFT处理
- 习题31 4×2 ZF下的DO和AG
- 习题32 有色噪声下的特征波束赋形
- 习题33 在OFDM系统中压缩基带信号的 ICI

习题 1 相关噪声的STC

问题：假定一个系统具有 2 个发射天线和 1 个接收天线，其传输类型为 Alamouti（STC），如图 1 所示。两个连续时间样本中的噪声样本的联合分布如下：

$$\begin{bmatrix} n_0 \\ n_1^* \end{bmatrix} \sim \mathrm{CN}\left(\begin{bmatrix} 0 \\ 0 \end{bmatrix}, \begin{bmatrix} 1 & r \\ r & 1 \end{bmatrix}\right), \qquad 0 \leqslant r \leqslant 1 \tag{1}$$

接收机已知信道。求：

1. 推导出对数似然比。
2. 最优检测器。

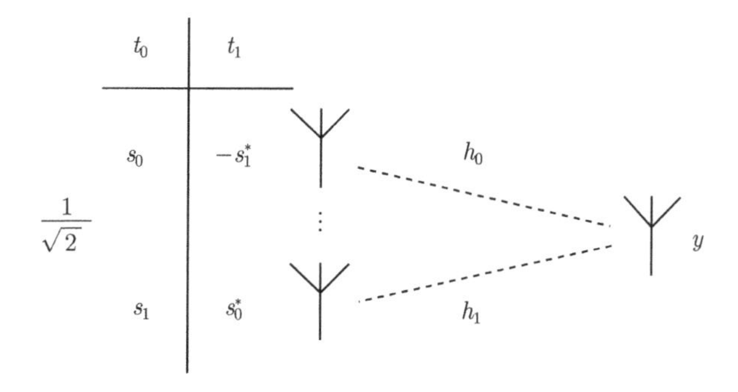

图 1　Alamouti（STC）传输

解答：

1. 接收信号的数学模型为：

$$\boldsymbol{y} = \begin{bmatrix} y_0 \\ y_1^* \end{bmatrix} = \underbrace{\frac{1}{\sqrt{2}}\begin{bmatrix} h_0 & h_1 \\ h_1^* & -h_0^* \end{bmatrix}}_{\boldsymbol{H}} \begin{bmatrix} s_0 \\ s_1 \end{bmatrix} + \rho \begin{bmatrix} n_0 \\ n_1^* \end{bmatrix} \tag{2}$$

LLR 采用以下形式：

$$\mathrm{LLR}(b)=\ln\frac{\Pr\{b=1|\boldsymbol{y}\}}{\Pr\{b=0|\boldsymbol{y}\}}=\ln\frac{\sum\limits_{\boldsymbol{s}:b=1}p(\boldsymbol{y}|\boldsymbol{s})}{\sum\limits_{\boldsymbol{s}:b=0}p(\boldsymbol{y}|\boldsymbol{s})} \tag{3}$$

以 $\boldsymbol{H}$ 为条件，接收信号 $\boldsymbol{y}$ 的分布为：

$$\boldsymbol{y}\sim\mathrm{CN}\left(\boldsymbol{Hs},\rho^2\boldsymbol{C}\right) \tag{4}$$

所以 LLR 为：

$$\mathrm{LLR}(b)=\ln\frac{\sum\limits_{\boldsymbol{s}:b=1}\exp\left(-\frac{(\boldsymbol{y}-\boldsymbol{Hs})^*\boldsymbol{C}^{-1}(\boldsymbol{y}-\boldsymbol{Hs})}{\rho^2}\right)}{\sum\limits_{\boldsymbol{s}:b=0}\exp\left(-\frac{(\boldsymbol{y}-\boldsymbol{Hs})^*\boldsymbol{C}^{-1}(\boldsymbol{y}-\boldsymbol{Hs})}{\rho^2}\right)} \tag{5}$$

运用最大对数 (max-log) 近似，得到：

$$\begin{aligned}\mathrm{LLR}(b)&\approx\ln\frac{\exp\left(-\min\limits_{\boldsymbol{s}:b=1}\left\{\frac{(\boldsymbol{y}-\boldsymbol{Hs})^*\boldsymbol{C}^{-1}(\boldsymbol{y}-\boldsymbol{Hs})}{\rho^2}\right\}\right)}{\exp\left(-\min\limits_{\boldsymbol{s}:b=0}\left\{\frac{(\boldsymbol{y}-\boldsymbol{Hs})^*\boldsymbol{C}^{-1}(\boldsymbol{y}-\boldsymbol{Hs})}{\rho^2}\right\}\right)}\\&=\frac{1}{\rho^2}\left[-\min\limits_{\boldsymbol{s}:b=1}\left\{(\boldsymbol{y}-\boldsymbol{Hs})^*\boldsymbol{C}^{-1}(\boldsymbol{y}-\boldsymbol{Hs})\right\}\right.\\&\qquad\left.+\min\limits_{\boldsymbol{s}:b=0}\left\{(\boldsymbol{y}-\boldsymbol{Hs})^*\boldsymbol{C}^{-1}(\boldsymbol{y}-\boldsymbol{Hs})\right\}\right]\end{aligned} \tag{6}$$

2. 代价函数 (Cost Function)：

$$(\boldsymbol{y}-\boldsymbol{Hs})^*\boldsymbol{C}^{-1}(\boldsymbol{y}-\boldsymbol{Hs}) \tag{7}$$

可以写为：

$$\|\boldsymbol{Q}(\boldsymbol{y}-\boldsymbol{Hs})\|^2=\|\tilde{\boldsymbol{y}}-\widetilde{\boldsymbol{H}}\boldsymbol{s}\|^2 \tag{8}$$

使用 SVD：

$$\boldsymbol{C}^{-1}=\boldsymbol{UD}^{-1}\boldsymbol{U}^*=\boldsymbol{Q}^*\boldsymbol{Q} \tag{9}$$

其中，$\boldsymbol{Q}=\boldsymbol{D}^{-\frac{1}{2}}\boldsymbol{U}^*$。

但是，矩阵 $\widetilde{\boldsymbol{H}}^*\widetilde{\boldsymbol{H}}=\boldsymbol{H}^*\boldsymbol{C}^{-1}\boldsymbol{H}$ 虽然对称，却不一定是对角矩阵。因此，在这种情况下，经过线性处理后再进行 SISO 处理，得到的就不是最优解，最优解意味着穷举搜索。

习题 2
相关信道的MRC错误概率

问题：如图 1 所示，在一个具有单个发射天线和 N 个接收天线的系统中，接收信号模型为：

$$\boldsymbol{y} = \boldsymbol{h}s + \rho\boldsymbol{n} \tag{1}$$

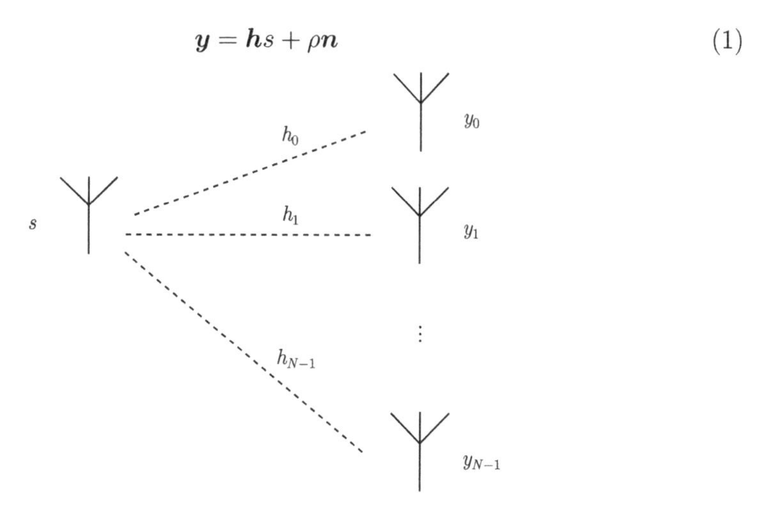

图 1　具有 N 个接收天线的 MRC 系统

其中，包含信道单元 $\boldsymbol{h}$ 的向量具有以下联合分布：$\boldsymbol{h} \sim \mathrm{CN}(\boldsymbol{0}, \boldsymbol{C})$（信道是相互依赖的）。

噪声向量 $\boldsymbol{n}$ 的元素为复高斯随机变量，$\boldsymbol{n} \sim \mathrm{CN}(\boldsymbol{0}, \boldsymbol{I})$。

1. 推导在接收机的错误概率上界。

2. 对于 $N = 2$ 且协方差矩阵 $\boldsymbol{C} = \begin{bmatrix} 1 & r \\ r & 1 \end{bmatrix}, 0 \leqslant r \leqslant 1$，计算分集阶数。建议考虑 $r = 1$ 和 $r \neq 1$ 两种情况。

解答:

1. 在 MRC 中，以 $\boldsymbol{h}$ 为条件，错误概率的范围为:

$$\Pr\{\text{error}|\boldsymbol{h}\} \leqslant \exp\left(-\frac{\|\boldsymbol{h}\|^2}{2\rho^2}\right) \tag{2}$$

通过对 $\boldsymbol{h}$ 的联合概率密度进行积分，获得无条件错误概率。为简便起见，定义:

$$\boldsymbol{h} = \boldsymbol{D}\boldsymbol{w} \tag{3}$$

其中，$\boldsymbol{w}$ 是独立同分布的向量，它的元素为标准复高斯随机变量，每个随机变量具有单位方差，并且 $\boldsymbol{D}$ 满足:

$$\boldsymbol{D}\boldsymbol{D}^* = \boldsymbol{C} \tag{4}$$

无条件错误概率的范围为:

$$\int_{\boldsymbol{w}\in\mathbb{C}^N} \exp\left(-\frac{\|\boldsymbol{D}\boldsymbol{w}\|^2}{2\rho^2}\right) p(\boldsymbol{w})\,\mathrm{d}\boldsymbol{w} \tag{5}$$

使用 $\boldsymbol{w}$ 的联合密度:

$$p(\boldsymbol{w}) = \frac{1}{\pi^N}\exp\left(-\|\boldsymbol{w}\|^2\right) \tag{6}$$

式 (5) 由下式给出:

$$\begin{aligned}&\frac{1}{\pi^N}\int_{\boldsymbol{w}\in\mathbb{C}^N} \exp\left(-\frac{\|\boldsymbol{D}\boldsymbol{w}\|^2}{2\rho^2}\right)\exp\left(-\|\boldsymbol{w}\|^2\right)\,\mathrm{d}\boldsymbol{w}\\ &= \frac{1}{\pi^N}\int_{\boldsymbol{w}\in\mathbb{C}^N} \exp\left(-\boldsymbol{w}^*\left(\boldsymbol{I} + \frac{\boldsymbol{D}^*\boldsymbol{D}}{2\rho^2}\right)\boldsymbol{w}\right)\mathrm{d}\boldsymbol{w}\end{aligned} \tag{7}$$

长度为 L 的复高斯随机变量的分布采用以下形式:

$$p(\boldsymbol{x}) = \frac{1}{\pi^L \det \boldsymbol{\Sigma}}\exp\left(-(\boldsymbol{x}-\boldsymbol{\mu})^*\boldsymbol{\Sigma}^{-1}(\boldsymbol{x}-\boldsymbol{\mu})\right) \tag{8}$$

显然，

$$\int_{\boldsymbol{x}\in\mathbb{C}^L} \exp\left(-\boldsymbol{x}^*\boldsymbol{A}\boldsymbol{x}\right)\mathrm{d}\,\boldsymbol{x} = \frac{\pi^L}{\det A} \tag{9}$$

通过式 (9)，式 (7) 变为：

$$\frac{1}{\det\left(\boldsymbol{I}+\dfrac{\boldsymbol{D}^*\boldsymbol{D}}{2\rho^2}\right)}=\frac{1}{\det\left(\boldsymbol{I}+\dfrac{\boldsymbol{D}\boldsymbol{D}^*}{2\rho^2}\right)}=\frac{1}{\det\left(\boldsymbol{I}+\dfrac{\boldsymbol{C}}{2\rho^2}\right)} \tag{10}$$

<u>**合理性检验**</u>：如信道不相关 ($\boldsymbol{C}=\boldsymbol{I}$)，则式 (10) 与标准 MRC 一致，即为

$$\frac{1}{\left(1+\dfrac{1}{2\rho^2}\right)^N} \tag{11}$$

2. 在这个问题中，式 (10) 变为：

$$\frac{1}{1+\dfrac{1}{\rho^2}+\dfrac{1-r^2}{\left(2\rho^2\right)^2}} \tag{12}$$

这意味着，当 $r\neq 1$ 时，分集阶数为 2。相反，在完全相关 $r=1$ 的极限情况下，最高功率项被抵消，分集阶数为 1。

习题 3 交换I分量和Q分量

问题：在 OFDM 接收机中，时域采样信号 $x(n)$ 的 I 信道和 Q 信道（分别对应于实部和虚部）被错误地交换了。如何在 FFT 的输出上补偿这一错误的交换？

提示：FFT 输出处的信号范围为索引 0 至 $N-1$。

解答：

相比较使用原始时域信号表达式 $x(n)=x_{\mathrm{R}}(n)+\mathrm{j}x_{\mathrm{I}}(n)$，实际上时域信号可表示为 $z(n)=x_{\mathrm{I}}(n)+\mathrm{j}x_{\mathrm{R}}(n)$，可以表示为 $z(n)=\mathrm{j}x^{*}(n)$。在检查 FFT 输出处的信号时，得到：

$$\begin{aligned}
Z(k) &= \sum_{n=0}^{N-1} z(n)\exp\left(-\mathrm{j}\frac{2\pi kn}{N}\right)\\
&= \sum_{n=0}^{N-1} \mathrm{j}\,x^{*}(n)\exp\left(-\mathrm{j}\frac{2\pi kn}{N}\right)\\
&=\mathrm{j}\left[\sum_{n=0}^{N-1} x(n)\exp\left(\mathrm{j}\frac{2\pi kn}{N}\right)\right]^{*}\\
&=\mathrm{j}\left[\sum_{n=0}^{N-1} x(n)\exp\left(-\mathrm{j}\frac{2\pi(-k)n}{N}\right)\right]^{*}
\end{aligned} \tag{1}$$

如想要 $k\in 0,\cdots,N-1$ 的结果，将式 (1) 重写为：

$$\begin{aligned}
Z(k) &=\mathrm{j}\left[\sum_{n=0}^{N-1} x(n)\exp\left(-\mathrm{j}\frac{2\pi(-k \bmod N)n}{N}\right)\right]^{*}\\
&=\mathrm{j}\,X^{*}(-k \bmod N),\qquad 0\leqslant k\leqslant N-1
\end{aligned} \tag{2}$$

因此，交换 I 分量和 Q 分量的影响是双重的。

首先，将频域信号翻转（不包括第一个值）为 $Y(k) = X(-k \bmod N)$。其次，将信号的实部和虚部变换为 $Z(k) = \mathrm{j}Y^*(k)$（与在开始解答时所做的相同）。

为了补偿交换带来的影响，使用式 (2) 的最后一行，立即可以得到：

$$X(k) = \mathrm{j}\, Z^*(-k \bmod N) \tag{3}$$

习题 4 具有相关噪声的SM的高效实现

问题：假定一个空间复用方案使用以下模型：

$$\boldsymbol{y}_{N\times 1}=\boldsymbol{H}_{N\times 2}\boldsymbol{s}_{2\times 1}+\boldsymbol{v}_{N\times 1} \tag{1}$$

其中，$\boldsymbol{v}\sim \mathrm{CN}(\boldsymbol{0},\boldsymbol{C})$。

试提出一种最大似然估计的方法，其中可以使用：

(1) 适用于标准 2×2 设置的 ML 检测器（传输 2 条流，接收向量长度为 2，噪声协方差矩阵是缩放的单位矩阵）；

(2) 用于 2×2 矩阵的 SVD 模块；

(3) 任何其他矩阵运算，例如，矩阵求逆。

提示：参考在 MRC 中对 LLR 的推导。

解答：在未编码的情况下，ML解码符号向量 $\tilde{s}$ 是使得代价函数最小化的值：

$$\tilde{\boldsymbol{s}}=\underset{\boldsymbol{s}\in\mathrm{QAM}^2}{\arg\min}(\boldsymbol{y}-\boldsymbol{H}\boldsymbol{s})^*\boldsymbol{C}^{-1}(\boldsymbol{y}-\boldsymbol{H}\boldsymbol{s}) \tag{2}$$

在这种情况下，全局最小化 $\hat{s}$ 为加权最小二乘法 (Weighted Least Square，WLS) 的解：

$$\hat{\boldsymbol{s}}=\left(\boldsymbol{H}^*\boldsymbol{C}^{-1}\boldsymbol{H}\right)^{-1}\boldsymbol{H}^*\boldsymbol{C}^{-1}\boldsymbol{y} \tag{3}$$

代价函数可以重写为：

$$(\boldsymbol{y}-\boldsymbol{H}\boldsymbol{s})^*\boldsymbol{C}^{-1}(\boldsymbol{y}-\boldsymbol{H}\boldsymbol{s})=\boldsymbol{C}+(\hat{\boldsymbol{s}}-\boldsymbol{s})^*\boldsymbol{H}^*\boldsymbol{C}^{-1}\boldsymbol{H}(\hat{\boldsymbol{s}}-\boldsymbol{s}) \tag{4}$$

其中，$\boldsymbol{C}=(\boldsymbol{y}-\boldsymbol{H}\hat{\boldsymbol{s}})^*\boldsymbol{C}^{-1}(\boldsymbol{y}-\boldsymbol{H}\hat{\boldsymbol{s}})$，而 $\boldsymbol{A}=\boldsymbol{H}^*\boldsymbol{C}^{-1}\boldsymbol{H}$ 是 2×2 矩阵。

通过 2×2 **SVD** 分解 $\boldsymbol{A}=\boldsymbol{Q}^*\boldsymbol{Q}$，得到：

$$\boldsymbol{A}=\boldsymbol{U}\boldsymbol{D}\boldsymbol{U}^* \tag{5}$$

$$\boldsymbol{Q}=\boldsymbol{D}^{\frac{1}{2}}\boldsymbol{U}^* \tag{6}$$

ML 问题如式 (2) 采用以下形式：

$$\tilde{\boldsymbol{s}}=\underset{\boldsymbol{s}\in\mathrm{QAM}^2}{\arg\min}\|\boldsymbol{Q}(\hat{\boldsymbol{s}}-\boldsymbol{s})\|^2=\underset{\boldsymbol{s}\in\mathrm{QAM}^2}{\arg\min}\|\underbrace{\boldsymbol{Q}\hat{\boldsymbol{s}}}_{\overline{\boldsymbol{y}}}-\underbrace{\boldsymbol{Q}}_{\overline{\boldsymbol{H}}}\boldsymbol{s}\|^2 \tag{7}$$

可以使用标准的 2×2 ML 解码模块，其中，输入为：

$$\overline{\boldsymbol{y}}=\boldsymbol{Q}\tilde{\boldsymbol{s}}=\boldsymbol{Q}\left(\boldsymbol{H}^*\boldsymbol{C}^{-1}\boldsymbol{H}\right)^{-1}\boldsymbol{H}^*\boldsymbol{C}^{-1}\boldsymbol{y},\qquad \overline{\boldsymbol{H}}=\boldsymbol{Q}$$

习题 5 OFDM中导频的数量和位置

问题：已知一个 OFDM 系统，GI= 128 个样本点，$N_{\text{FFT}}=1024$ 个子载波，GI 的长度足以保证没有 ISI 的影响。

1. 为了完成信道估计，将导频子载波（对接收机已知）插入单个 OFDM 符号中，想要完全估计信道，需要多少个导频？

2. 这些导频应位于何处（在哪些子载波上）？请描述信道估计机制。

解答：

1. 由于没有 ISI，时域信道最多由 128 个样本组成（表示为 $a_0, \cdots, a_{127}$）。与在第 k 个子载波上发送的导频（为简单起见，所有导频的值假设等于 1）相对应的接收信号（经过 FFT 后）为：

$$p_k=\sum_{n=0}^{127} a_n \exp\left(-\frac{\mathrm{j}2\pi kn}{1024}\right)=\boldsymbol{f}_k^{*}\boldsymbol{a} \tag{1}$$

将接收到的导频（在子载波 $k_0, \cdots, k_{K-1}$ 上）用向量 $\boldsymbol{p}$ 表示，得到：

$$\underbrace{\begin{bmatrix} p_{k_0} \\ p_{k_1} \\ \vdots \\ p_{k_{K-1}} \end{bmatrix}}_{\boldsymbol{p}}=\underbrace{\begin{bmatrix} \boldsymbol{f}_{k_0}^{*} \\ \boldsymbol{f}_{k_1}^{*} \\ \vdots \\ \boldsymbol{f}_{k_{K-1}}^{*} \end{bmatrix}}_{\boldsymbol{F}_{K\times 128}}\underbrace{\begin{bmatrix} a_0 \\ a_1 \\ \vdots \\ a_{127} \end{bmatrix}}_{\boldsymbol{a}} \tag{2}$$

显然，$K<128$（参数比测量值多）没有解。此外，对于 $k_i=8i, i=0,\cdots,127$，$\boldsymbol{F}$ 是有规律的 128 点 DFT（酉矩阵）矩阵，因此是可逆的，可以添加更多的导频，这意味着需要 $K\geqslant 128$ 个导频来估计 128 个抽头，并可以完美地（在无噪声的情

况下）重建时域和频域信道。

$$\hat{\boldsymbol{a}} = \boldsymbol{F}^{+}\boldsymbol{p} \tag{3}$$

2. 实际上，只要 $\boldsymbol{F}$ 满秩，$K \geqslant 128$ 的导频就可以位于任何地方。例如，128 个导频可能位于 $k_i = 8i + \Delta k$, $i = 0,\cdots, 127$，其中 $0 \leqslant \Delta k \leqslant 7$，这样，$\boldsymbol{F}$ 仍然保持酉矩阵的特性（也可在此处添加更多的导频）。

对 $\hat{\boldsymbol{a}}$ 进行傅里叶变换可以获得频域响应 $\boldsymbol{b}$（频域样点 $m_0, \cdots, m_{M-1}$ 的数量可以为任意值）：

$$\boldsymbol{b} = \underbrace{\begin{bmatrix} \boldsymbol{f}_{m_0}^{*} \\ \boldsymbol{f}_{m_1}^{*} \\ \vdots \\ \boldsymbol{f}_{m_{M-1}}^{*} \end{bmatrix}}_{\boldsymbol{F_2}} \hat{\boldsymbol{a}} = \boldsymbol{F}_2\boldsymbol{F}^{+}\boldsymbol{p} \tag{4}$$

$M \times K$ 矩阵 $\boldsymbol{F}_2\boldsymbol{F}^{+}$ 可以看作一个插值矩阵（与 sinc 插值类似，例如 $k_i = 0,8,\cdots, 1016$; $m_i = 0, \cdots, 1023$）。

习题 6 加窗的OFDM符号

问题：在 OFDM 系统中，通常将时域信号与窗函数相乘，以减少带外泄露。OFDM 信号乘以窗函数的例子参见图 1，在图中，窗口函数会影响每侧的 A 个样本，其余样本则不受影响（乘以 1）。为避免失真，在接收侧的 FFT 操作可以提前 L 个样本进行，如图 1 所示。

1. 信道 $h(n)$ 和 L 需要满足什么要求，才能使接收机处没有失真（包括 ISI 导致的失真）？

2. 假设信道抽头服从均值为零的独立高斯分布，并假设满足上一项的要求（即无失真），比较将 FFT 移位 L 个样本后有效信道的相干带宽与原始信道 $h(n)$ 的相干带宽。

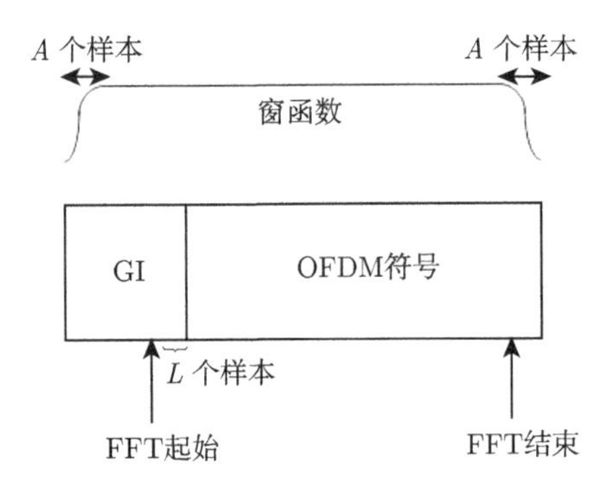

图 1　窗口化的时域 OFDM 信号

解答：

1. 只要 $L > A$，窗函数就不会导致失真。此外，为了避免 ISI 和窗口函数带来的失真，信道的最大时延 τ_{m}（以采样点计算）应小于 $\mathrm{GI} - L - A$。

2. 接收机经过信道 $h(n-L)$。由于时延扩展是差分度量，不会受恒定偏移的冲激响应影响，因此相干带宽应保持不变。简短的证明如下。用 τ_i 表示原始抽头位置，用 σ_i^2 表示原始抽头功率，原始信道的时延扩展为：

$$\sigma_\tau = \sqrt{\overline{\tau^2} - \overline{\tau}^2} \tag{1}$$

其中，

$$\overline{\tau} = \frac{\sum_{i=0}^{K-1} \sigma_i^2 \tau_i}{\sum_{i=0}^{K-1} \sigma_i^2}, \qquad \overline{\tau^2} = \frac{\sum_{i=0}^{K-1} \sigma_i^2 \tau_i^2}{\sum_{i=0}^{K-1} \sigma_i^2} \tag{2}$$

新的抽头位置即为 $x_i = L + \tau_i$，其功率不变。这样新的时延扩展是：

$$\sigma_x = \sqrt{\overline{x^2} - \overline{x}^2} \tag{3}$$

其中，

$$\overline{x} = \frac{\sum_{i=0}^{K-1} \sigma_i^2 x_i}{\sum_{i=0}^{K-1} \sigma_i^2} = \frac{\sum_{i=0}^{K-1} \sigma_i^2 (L + \tau_i)}{\sum_{i=0}^{K-1} \sigma_i^2} = L + \overline{\tau} \tag{4}$$

$$\overline{x^2} = \frac{\sum_{i=0}^{K-1} \sigma_i^2 x_i^2}{\sum_{i=0}^{K-1} \sigma_i^2} = \frac{\sum_{i=0}^{K-1} \sigma_i^2 (L^2 + 2L\tau_i + \tau_i^2)}{\sum_{i=0}^{K-1} \sigma_i^2} = L^2 + 2L\overline{\tau} + \overline{\tau^2} \tag{5}$$

很明显，新信道的时延扩展与原始信道的时延扩展相同：

$$\sigma_x = \sqrt{L^2 + 2L\overline{\tau} + \overline{\tau^2} - (L + \overline{\tau})^2} = \sqrt{\overline{\tau^2} - \overline{\tau}^2} \tag{6}$$

因此相干带宽不会改变。

习题 7 SC-FDMA系统的ZF接收机的ppSNR

问题：假定一个使用 ZF 接收机的 SC-FDMA 系统。发射机使用大小为 M 的归一化的 DFT。接收机 FFT 输出的信号模型为：

$$y_k = h_k x_k + \rho n_k \tag{1}$$

其中 h_k 是第 k 个子载波上的信道，x_k 是发射机 DFT 输出处的第 k 个样本，$\boldsymbol{n} = [n_1, n_2, \cdots, n_M]^{\mathrm{T}}$ 是包含 $\boldsymbol{n} \sim \mathrm{CN}(\boldsymbol{0}, \boldsymbol{I})$ 的噪声分量的向量。

1. 计算接收机均衡后的信噪比。
2. 当信道是频率选择性信道时，进行均衡后信噪比会发生什么变化？

解答：

1. 接收信号的模型为：

$$\boldsymbol{y} = \boldsymbol{HFs} + \rho\boldsymbol{n} \tag{2}$$

其中，$\boldsymbol{H}$ 为对角矩阵：

$$\boldsymbol{H} = \begin{bmatrix} h_1 & 0 & \cdots & 0 \\ 0 & h_2 & & \\ \vdots & & \ddots & \\ 0 & & & h_M \end{bmatrix} \tag{3}$$

$\boldsymbol{F}$ 为 DFT 矩阵（酉矩阵）：

$$f_{k,l} = \frac{1}{\sqrt{M}} \exp\left(-\mathrm{j}\frac{2\pi}{M}(k-1)(l-1)\right) \tag{4}$$

$\boldsymbol{n}$ 为 AWGN。

$\boldsymbol{s}$ 的（次优）ZF 解为：

$$\begin{aligned}\hat{\boldsymbol{s}} &= (\boldsymbol{HF})^{-1}\boldsymbol{y} \\ &= (\boldsymbol{HF})^{-1}(\boldsymbol{HFs}+\rho\boldsymbol{n}) \\ &= s+\rho(\boldsymbol{HF})^{-1}\boldsymbol{n}\end{aligned} \tag{5}$$

$\boldsymbol{F}$ 是酉矩阵，$\boldsymbol{H}$ 是对角矩阵，基于这个事实，噪声项可表示为如下形式：

$$\rho\boldsymbol{F}^*\boldsymbol{H}^{-1}n = \rho\boldsymbol{F}^*\left[\frac{n_1}{h_1},\frac{n_2}{h_2},\cdots,\frac{n_M}{h_M}\right]^{\mathrm{T}} \tag{6}$$

则相应的 s_m 的噪声项为：

$$\rho\sum_{k=1}^{M}\boldsymbol{F}_{m,k}^*\frac{n_k}{h_k} = \rho\sum_{k=1}^{M}f_{k,m}^*\frac{n_k}{h_k} \tag{7}$$

噪声项的方差（这里 $|f_{k,m}| = \dfrac{1}{\sqrt{M}}$）为：

$$\rho^2\sum_{k=1}^{M}|f_{k,m}|^2\frac{1}{|h_k|^2} = \frac{\rho^2}{M}\sum_{k=1}^{M}\frac{1}{|h_k|^2} \tag{8}$$

最后，s_m（与 m 无关）的 ppSNR 为：

$$\mathrm{ppSNR} = \frac{M}{\rho^2\displaystyle\sum_{k=1}^{M}\frac{1}{|h_k|^2}} \tag{9}$$

2. 如果信道是频率选择性信道，如果某个子载波信道处于衰落情况下，h_k 消失，所有 M 个符号的 ppSNR 也会消失 [这可以通过用 MMSE 接收机 $\hat{\boldsymbol{s}} = \boldsymbol{F}^*\boldsymbol{H}^*(\boldsymbol{HH}^*+\rho^2\boldsymbol{I})^{-1}\boldsymbol{y}$ 替换 ZF 接收机来解决]。

习题 8

H^*H为分块对角矩阵时的SM

问题：给出一个具有 4 个发射天线、5 个接收天线的空间复用系统，满足如下模型：

$$\boldsymbol{y}_{5\times1} = \boldsymbol{H}_{5\times4}\boldsymbol{s}_{4\times1} + \rho\boldsymbol{n}_{5\times1} \tag{1}$$

其中，$\boldsymbol{n}$ 是由噪声分量组成的向量，其分布为 $\boldsymbol{n} \sim \mathrm{CN}(\boldsymbol{0}, \boldsymbol{I})$，$\boldsymbol{s}$ 是由 QPSK 符号组成的向量。

此外，矩阵 $\boldsymbol{H}$ 的前两列（第 1 列和第 2 列）与 $\boldsymbol{H}$ 的第 3 列和第 4 列正交，所以矩阵 $\boldsymbol{H}^*\boldsymbol{H}$ 是分块对角矩阵。

在满足下列条件时，试提出一种最大似然检测方案：

(1) 适用于 5×2 设置的 ML 检测器（传输 2 条流，接收向量长度为 5）的系统；

(2) 任何其他矩阵运算，例如，矩阵求逆。

提示：研究全局最小化附近的极大似然解的成本函数。

解答：

接收信号模型为：

$$\begin{aligned}\boldsymbol{y} &= \boldsymbol{H}\boldsymbol{s} + \rho\boldsymbol{n} \\ &= [\boldsymbol{H}_1 \quad \boldsymbol{H}_2]\begin{bmatrix}\boldsymbol{s}_1 \\ \boldsymbol{s}_2\end{bmatrix} + \rho\boldsymbol{n}\end{aligned} \tag{2}$$

其中：

$$\boldsymbol{H}_1^*\boldsymbol{H}_2 = 0\cdot\boldsymbol{I} \tag{3}$$

$\boldsymbol{s}$ 的 ML 估计为：

$$\tilde{\boldsymbol{s}} = \underset{\boldsymbol{s}\in\mathrm{QPSK}^4}{\arg\min}\,\|\boldsymbol{y} - \boldsymbol{H}\boldsymbol{s}\|^2$$

$$= \underset{\boldsymbol{s}\in \text{QPSK}^4}{\arg\min}\ (\hat{\boldsymbol{s}}-\boldsymbol{s})^*\boldsymbol{H}^*\boldsymbol{H}(\hat{\boldsymbol{s}}-\boldsymbol{s}) \tag{4}$$

其中，$\hat{\boldsymbol{s}}$ 是最小二乘估计值：

$$\hat{\boldsymbol{s}} = (\boldsymbol{H}^*\boldsymbol{H})^{-1}\boldsymbol{H}^*\boldsymbol{y} \tag{5}$$

利用式 (3) 所示的 $\boldsymbol{H}$ 性质，将式 (5) 的最小二乘的结果展开为：

$$\begin{aligned}\begin{bmatrix}\hat{\boldsymbol{s}}_1\\ \hat{\boldsymbol{s}}_2\end{bmatrix} &= \begin{bmatrix}\boldsymbol{H}_1^*\boldsymbol{H}_1 & \boldsymbol{0}\\ \boldsymbol{0} & \boldsymbol{H}_2^*\boldsymbol{H}_2\end{bmatrix}^{-1}\begin{bmatrix}\boldsymbol{H}_1^*\\ \boldsymbol{H}_2^*\end{bmatrix}\boldsymbol{y}\\ &= \begin{bmatrix}(\boldsymbol{H}_1^*\boldsymbol{H}_1)^{-1} & \boldsymbol{0}\\ \boldsymbol{0} & (\boldsymbol{H}_2^*\boldsymbol{H}_2)^{-1}\end{bmatrix}\begin{bmatrix}\boldsymbol{H}_1^*\\ \boldsymbol{H}_2^*\end{bmatrix}\boldsymbol{y}\end{aligned} \tag{6}$$

或者简单写为：

$$\hat{\boldsymbol{s}}_k = (\boldsymbol{H}_k^*\boldsymbol{H}_k)^{-1}\boldsymbol{H}_k^*\boldsymbol{y} \tag{7}$$

利用式 (3) 中的正交子矩阵，可将式 (4) 中的 ML 代价函数简化为：

$$\begin{aligned}&(\hat{\boldsymbol{s}}-\boldsymbol{s})^*\boldsymbol{H}^*\boldsymbol{H}(\hat{\boldsymbol{s}}-\boldsymbol{s})\\ =&\begin{bmatrix}\hat{\boldsymbol{s}}_1-\boldsymbol{s}_1\\ \hat{\boldsymbol{s}}_2-\boldsymbol{s}_2\end{bmatrix}^*\begin{bmatrix}\boldsymbol{H}_1^*\boldsymbol{H}_1 & \boldsymbol{0}\\ \boldsymbol{0} & \boldsymbol{H}_2^*\boldsymbol{H}_2\end{bmatrix}\begin{bmatrix}\hat{\boldsymbol{s}}_1-\boldsymbol{s}_1\\ \hat{\boldsymbol{s}}_2-\boldsymbol{s}_2\end{bmatrix}\\ =&(\hat{\boldsymbol{s}}_1-\boldsymbol{s}_1)^*\boldsymbol{H}_1^*\boldsymbol{H}_1(\hat{\boldsymbol{s}}_1-\boldsymbol{s}_1)+(\hat{\boldsymbol{s}}_2-\boldsymbol{s}_2)^*\boldsymbol{H}_2^*\boldsymbol{H}_2(\hat{\boldsymbol{s}}_2-\boldsymbol{s}_2)\end{aligned} \tag{8}$$

最终，如式 (4) 所示的最大似然估计问题被简化为：

$$\tilde{\boldsymbol{s}} = \underset{\boldsymbol{s}\in \text{QPSK}^4}{\arg\min}\ \{(\hat{\boldsymbol{s}}_1-\boldsymbol{s}_1)^*\boldsymbol{H}_1^*\boldsymbol{H}_1(\hat{\boldsymbol{s}}_1-\boldsymbol{s}_1)+(\hat{\boldsymbol{s}}_2-\boldsymbol{s}_2)^*\boldsymbol{H}_2^*\boldsymbol{H}_2(\hat{\boldsymbol{s}}_2-\boldsymbol{s}_2)\} \tag{9}$$

这意味着 $\boldsymbol{s}_1$ 和 $\boldsymbol{s}_2$ 的最小化问题可以独立求解，如下：

$$\tilde{\boldsymbol{s}_k} = \underset{\boldsymbol{s}_k\in \text{QPSK}^2}{\arg\min}\ (\hat{\boldsymbol{s}}_k-\boldsymbol{s}_k)^*\boldsymbol{H}_k^*\boldsymbol{H}_k(\hat{\boldsymbol{s}}_k-\boldsymbol{s}_k) \tag{10}$$

也可写作：

$$\tilde{\boldsymbol{s}_k} = \underset{\boldsymbol{s}_k\in \text{QPSK}^2}{\arg\min}\ \|\boldsymbol{y}-\boldsymbol{H}_k\boldsymbol{s}_k\|^2 \tag{11}$$

该直观结果意味着，由于对应于 $\boldsymbol{s}_1$ 的信道列与对应于 $\boldsymbol{s}_2$ 的信道列是正交的，因此检测向量 $\boldsymbol{s}_1$ 时，可以视作 $\boldsymbol{s}_2$ 不存在，$\boldsymbol{s}_1$ 可以独立检测，反之亦然（类似于 STC 中的独立逐流检测）。

因此，针对 5×2 的空间复用的配置，每条流都能以最佳方式使用 SM MIMO 解码器进行解码。

习题 9 OFDM和破坏正交性的预编码

问题：给定一个 OFDM 系统，其标准模型如下：

$$y_k = h_k x_k + \rho n_k \tag{1}$$

其中，h_k 为第 k 个子载波上的信道，x_k 为第 k 个子载波上传输的符号，$\boldsymbol{n} = [n_1, n_2, \cdots, n_N]^{\mathrm{T}}$ 是包含噪声元素的向量，其分布 $\boldsymbol{n} \sim \mathrm{CN}(\boldsymbol{0}, \boldsymbol{I})$。

子载波被分成对，使两个 QPSK 符号 s_1 和 s_2 按照以下方式传输：

(1) 在第一子载波上传输 $s_1 \cos\alpha + s_2 \sin\alpha$；

(2) 在第二子载波上传输 $-s_1 \sin\alpha + s_2 \cos\alpha$。

假定对应于每对子载波的信道有着分布 $\mathrm{CN}(\boldsymbol{0}, \boldsymbol{I})$，这种独立信道的假设适合于一对子载波，两个子载波之间的间隔超过相干带宽。

1. 最优检测器是什么？

2. 计算分集阶数，只关注 s_1 上的错误。

3. 计算阵列增益，只关注 s_1 上的错误。

解答：

1. 每对子载波接收信号的模型为：

$$\boldsymbol{y} = \begin{bmatrix} h_1 & 0 \\ 0 & h_2 \end{bmatrix} \begin{bmatrix} \cos\alpha & \sin\alpha \\ -\sin\alpha & \cos\alpha \end{bmatrix} \begin{bmatrix} s_1 \\ s_2 \end{bmatrix} + \rho \boldsymbol{n} \tag{2}$$

可重新排列为：

$$\boldsymbol{y} = \underbrace{\begin{bmatrix} h_1\cos\alpha & h_1\sin\alpha \\ -h_2\sin\alpha & h_2\cos\alpha \end{bmatrix}}_{\boldsymbol{H}} \underbrace{\begin{bmatrix} s_1 \\ s_2 \end{bmatrix}}_{\boldsymbol{s}} + \rho \boldsymbol{n} \tag{3}$$

由于 $\boldsymbol{H}$ 的列不是必然正交的，因此得出了一个类似于 2×2 SM 中的模型，每对 $\boldsymbol{H}$ 需要一个 ML 解码器。

2. 如果只关注 s_1 中的错误事件，则给定 $\boldsymbol{H}$ 的错误概率为 [参见第 5 章的式 (5.10)]：

$$\Pr\{\text{error in } s_1 \text{ alone}|\boldsymbol{H}\} \leqslant \frac{1}{2\cdot 2^2}\sum_{\boldsymbol{s}\in\text{QAM}^2}\sum_{\boldsymbol{e}\in\mathscr{A}_1(\boldsymbol{s})}\exp\left(-\frac{\|\boldsymbol{He}\|^2}{4\rho^2}\right) \tag{4}$$

其中，$\mathscr{A}_1(\boldsymbol{s})$ 是对应于错误的向量 $\boldsymbol{e}$（仅 s_1，即 $e_2=0$）的集合。

$\exp\left(-\frac{\|\boldsymbol{He}\|^2}{4\rho^2}\right)$ 关于 $\boldsymbol{H}$ 或 $\boldsymbol{h}=[h_1,h_2]^{\mathrm{T}}$ 的期望值为：

$$\int\exp\left(-\frac{\|\boldsymbol{He}\|^2}{4\rho^2}\right)p\left(\boldsymbol{h}\right)\mathrm{d}\boldsymbol{h} \tag{5}$$

$\boldsymbol{He}$ 可以写为：

$$\boldsymbol{He}=\begin{bmatrix} h_1\cos\alpha \\ -h_2\sin\alpha \end{bmatrix}e_1=e_1\underbrace{\begin{bmatrix} \cos\alpha & 0 \\ 0 & -\sin\alpha \end{bmatrix}}_{\boldsymbol{A}}\boldsymbol{h} \tag{6}$$

因此期望值如式 (5) 写为：

$$\begin{aligned}
&\frac{1}{\pi^2}\int\exp\left(-\frac{\|\boldsymbol{Ah}\|^2}{4\rho^2}\right)\exp(-\|\boldsymbol{h}\|^2)\,\mathrm{d}\boldsymbol{h}\\
=&\frac{1}{\pi^2}\int\exp\left(-\boldsymbol{h}^*\left(\boldsymbol{I}+\frac{\boldsymbol{A}^*\boldsymbol{A}}{4\rho^2}\right)\boldsymbol{h}\right)\,\mathrm{d}\boldsymbol{h}\\
=&\frac{1}{\det\left(\boldsymbol{I}+\frac{\boldsymbol{A}^*\boldsymbol{A}}{4\rho^2}\right)}\\
=&\frac{1}{1+\frac{|e_1|^2\cos^2\alpha\cdot\mathrm{SNR}}{4}}\cdot\frac{1}{1+\frac{|e_1|^2\sin^2\alpha\cdot\mathrm{SNR}}{4}}
\end{aligned} \tag{7}$$

无条件错误概率的上界为：

$$\begin{aligned}
&\Pr\{\text{error in } s_1 \text{ alone}\}\\
\leqslant&\frac{1}{2\times 2^2}\sum_{\boldsymbol{s}\in\text{QAM}^2}\sum_{\boldsymbol{e}\in\mathscr{A}_1(\boldsymbol{s})}\frac{1}{1+\frac{|e_1|^2\cos^2\alpha\cdot\mathrm{SNR}}{4}}\cdot\frac{1}{1+\frac{|e_1|^2\sin^2\alpha\cdot\mathrm{SNR}}{4}}
\end{aligned} \tag{8}$$

由于 $\mathscr{A}_1(\boldsymbol{s})$ 中的主向量满足 $|e_1|^2 = 2$，因此得到：

$$\Pr\{\text{error in } s_1 \text{ alone}\} \approx \frac{1}{1+\dfrac{\cos^2\alpha\cdot\text{SNR}}{2}}\cdot\frac{1}{1+\dfrac{\sin^2\alpha\cdot\text{SNR}}{2}} \tag{9}$$

这意味着当 $\alpha \neq \pi n/2$ 时，分集阶数为 2（分母中 SNR 的幂）。

合理性检验：对于 $\alpha = 0$ 的情况，例如，有普通的 OFDM，DO=1，AG=1。

3. 在较大的信噪比 (SNR≫ 1) 下，错误概率进一步近似为：

$$\begin{aligned}\Pr\{\text{error in } s_1 \text{ alone}\} &\approx \frac{1}{\dfrac{\cos^2\alpha\cdot\text{SNR}}{2}}\cdot\frac{1}{\dfrac{\sin^2\alpha\cdot\text{SNR}}{2}}\\ &= \frac{1}{\left(\dfrac{\sin 2\alpha\cdot\text{SNR}}{2\times 2}\right)^2}\end{aligned} \tag{10}$$

则阵列增益为 $\sin 2\alpha$。

习题 10 增加一个接收天线的MRT

问题：如图 1 所述，在一个 2×2 的 MIMO 系统中，发射机只知道信道 $h_{1,1}$ 和 $h_{1,2}$，只对接收侧的第一个接收天线进行 MRT。然而，接收机的第二个接收天线也会参与信号接收。

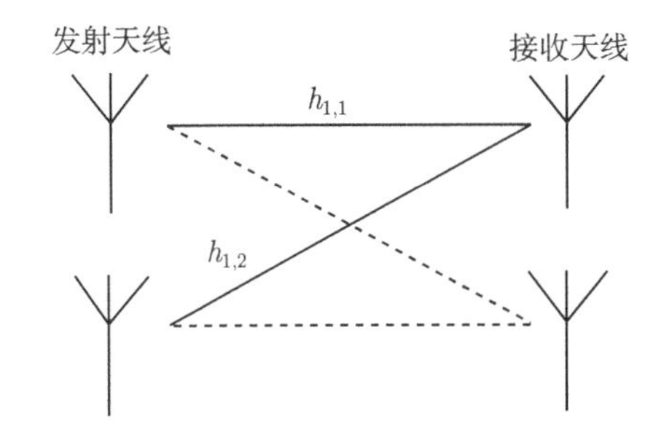

图 1　2×2 MIMO 系统

1. 求接收机的 ppSNR？

2. 假设 4 个信道都服从 CN(0,1) 分布，且独立同分布，求系统的分集阶数和阵列增益？

解答：

1. 接收信号模型为：

$$\boldsymbol{y} = \boldsymbol{H}\boldsymbol{w}\boldsymbol{s} + \rho\,\boldsymbol{n} \tag{1}$$

其中，$\boldsymbol{H}$ 为信道矩阵：

$$\boldsymbol{H} = \begin{bmatrix} h_1 & h_2 \\ g_1 & g_2 \end{bmatrix} = \begin{bmatrix} \boldsymbol{h}^{\mathrm{T}} \\ \boldsymbol{g}^{\mathrm{T}} \end{bmatrix} \tag{2}$$

$\boldsymbol{w}$ 是与 $\boldsymbol{h}$ 对应的常规 MRT 预编码器：

$$\boldsymbol{w}=\frac{1}{\|\boldsymbol{h}\|}\begin{bmatrix} h_1^* \\ h_2^* \end{bmatrix} \tag{3}$$

$\boldsymbol{n}$ 为 AWGN。

将 $\boldsymbol{w}$ 的表达式代入接收信号模型，接收信号可表示为：

$$\boldsymbol{y}=\begin{bmatrix} \dfrac{|h_1|^2+|h_2|^2}{\|\boldsymbol{h}\|} \\ \\ \dfrac{h_1^* g_1+h_2^* g_2}{\|\boldsymbol{h}\|} \end{bmatrix}+\rho\boldsymbol{n}=\begin{bmatrix} \|\boldsymbol{h}\| \\ \\ \dfrac{\boldsymbol{h}^*\boldsymbol{g}}{\|\boldsymbol{h}\|} \end{bmatrix}+\rho\boldsymbol{n} \tag{4}$$

ppSNR（接收机采用 MRC）为：

$$\operatorname{ppSNR}(\boldsymbol{H})=\frac{\|\boldsymbol{h}\|^2+\dfrac{|\boldsymbol{h}^*\boldsymbol{g}|^2}{\|\boldsymbol{h}\|^2}}{\rho^2} \tag{5}$$

2. 利用向量间夹角的定义，将 ppSNR 写为：

$$\operatorname{ppSNR}(\boldsymbol{H})=\frac{\|\boldsymbol{h}\|^2+\dfrac{\|\boldsymbol{h}\|^2\|\boldsymbol{g}\|^2\cos^2\alpha}{\|\boldsymbol{h}\|^2}}{\rho^2}=\frac{\|\boldsymbol{h}\|^2+\|\boldsymbol{g}\|^2\cos^2\alpha}{\rho^2} \tag{6}$$

由于 α 独立于 $\|\boldsymbol{h}\|$ 和 $\|\boldsymbol{g}\|$，在给定 α 的条件下，错误概率的上界为：

$$\Pr\{\text{error}|\alpha\}\leqslant\frac{1}{\left(1+\dfrac{\text{SNR}}{2}\right)^2}\cdot\frac{1}{\left(1+\dfrac{\text{SNR}\cdot\cos^2\alpha}{2}\right)^2} \tag{7}$$

根据式 (7)，可以通过对 α 求平均，获得无条件错误概率。聚焦式 (7) 右侧的第二项，基于 α 的概率分布函数：

$$p_\alpha(\alpha)=\sin 2\alpha,\qquad 0\leqslant\alpha\leqslant\pi/2 \tag{8}$$

可以得到：

$$E_\alpha\frac{1}{\left(1+\dfrac{\text{SNR}\cdot\cos^2\alpha}{2}\right)^2}=\int_0^{\pi/2}\frac{\sin 2\alpha}{\left(1+\dfrac{\text{SNR}\cdot\cos^2\alpha}{2}\right)^2}\mathrm{d}\alpha$$

$$= -\int_1^0 \frac{1}{\left(1+\frac{\mathrm{SNR}\cdot z}{2}\right)^2}\mathrm{d}z, \qquad z=\cos^2\alpha \tag{9}$$

设 $\alpha = \mathrm{SNR}/2$，可得：

$$-\int_1^0 \frac{1}{(1+az)^2}\mathrm{d}z = \left.\frac{1}{a(1+az)}\right|_1^0 = \frac{1}{1+a} \tag{10}$$

即平均错误概率上界为：

$$\Pr\{\mathrm{error}\} \leqslant \frac{1}{\left(1+\frac{\mathrm{SNR}}{2}\right)^3} \tag{11}$$

所以，$\mathrm{DO}=3$，$\mathrm{AG}=3$。

习题 11 OFDM静默保护

问题：给定一个 $N_{\text{FFT}}=1024$ 个子载波的 OFDM 系统，发送包含 128 个 0 的保护间隔，而不是发送循环保护间隔。在接收机处，第 n 个 OFDM 符号的前 128 个样本与下一个（第 $n+1$ 个）OFDM 符号的保护间隔的 128 个样本进行合并，如图 1 所示，该合并发生在 FFT 运算之前。进一步假设信道冲激响应小于保护间隔，并且将方差 ρ^2 的 AWGN 添加到接收信号中。

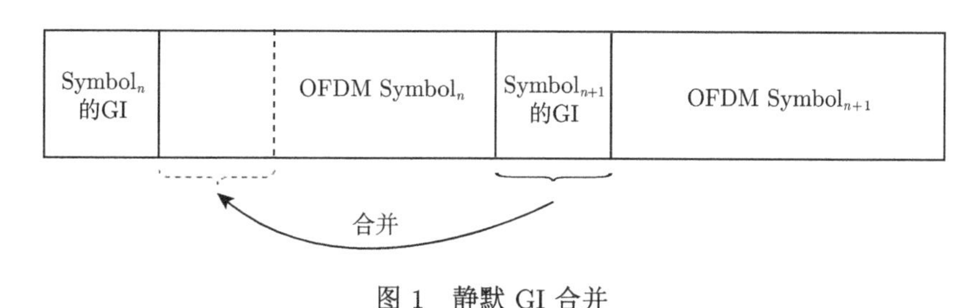

图 1 静默 GI 合并

1. 这个方法可行吗？这种方法有什么缺点？
2. 描述最优检测器。

解答：

1. 为了证明该方法的有效性，从无噪声的情况开始，考虑一个长度为 4（样本）的 OFDM 符号有值 $[a,b,c,d]$，每个符号包含长度为 2 的静默保护，以及信道冲激响应 $[x,y]$。经过卷积输出后：

$$[a,\, b,\, c,\, d,\, 0,\, 0] * [x,\, y] = [\underbrace{xa,\, xb+ya,\, xc+yb,\, xd+yc,}_{\text{OFDM 符号}} \quad \underbrace{yd,\, 0}_{\text{下一个保护间隔}} \quad] \tag{1}$$

将后两个样本（对应于下一个符号的保护）添加到前两个样本中，前 4 个样本（对应于 OFDM 符号）为：

$$[xa + yd, xb + ya, xc + yb, xd + yc] \tag{2}$$

与普通循环前缀所计算的循环卷积相同。

这种方法有以下缺点：

(1) 对定时偏差无抗扰性；

(2) 对于具有不连续性的信号（会导致带外扩散），无法通过加窗进行修正；

(3) 在 FFT 输入之前求和后，得到的方差在样本间是非均匀的，前 128 个样本的噪声方差为 $2\rho^2$，后 $1024-128=896$ 个样本的噪声方差为原始的 ρ^2。

2. 求和后，时域噪声 $\boldsymbol{n}$，在样本点间独立，但是这些元素的方差不完全相同。

时域噪声分布为：

$$\boldsymbol{n} \sim \mathrm{CN}\left(\boldsymbol{0}, \underbrace{\begin{bmatrix} 2\rho^2 \cdot \boldsymbol{I}_{128} & \boldsymbol{0} \\ \boldsymbol{0} & \rho^2 \cdot \boldsymbol{I}_{896} \end{bmatrix}}_{\boldsymbol{D}}\right) \tag{3}$$

FFT 后的噪声为 $\boldsymbol{m} = \boldsymbol{F}\boldsymbol{n}$，所以 FFT 后的噪声协方差为：

$$\boldsymbol{C} = \mathrm{E}[\boldsymbol{m}\boldsymbol{m}^*] = \boldsymbol{F}\boldsymbol{D}\boldsymbol{F}^* \tag{4}$$

因为噪声协方差矩阵不是对角矩阵，所以 FFT 后的噪声是相关的。

为了说明这一点，可以参见式 (4) 的基于长度为 2 的 FFT：

$$\frac{1}{\sqrt{2}}\begin{bmatrix} 1 & 1 \\ 1 & -1 \end{bmatrix}\begin{bmatrix} 2\rho^2 & 0 \\ 0 & \rho^2 \end{bmatrix}\frac{1}{\sqrt{2}}\begin{bmatrix} 1 & 1 \\ 1 & -1 \end{bmatrix}^* = \frac{\rho^2}{2}\begin{bmatrix} 3 & 1 \\ 1 & 3 \end{bmatrix}（\text{不是对角矩阵}） \tag{5}$$

接收到的经过 FFT 后信号的模型为：

$$\boldsymbol{y} = \boldsymbol{H}\boldsymbol{s} + \boldsymbol{m} \tag{6}$$

其中，$\boldsymbol{H}$ 是对角矩阵，$\boldsymbol{s}$ 是传输的 QAM 符号的向量。

最优检测器采用如下形式：

$$\tilde{\boldsymbol{s}} = \underset{\boldsymbol{s}\in \mathrm{QPSK}^{1024}}{\arg\min}\ (\boldsymbol{y}-\boldsymbol{H}\boldsymbol{s})^{*}\boldsymbol{C}^{-1}(\boldsymbol{y}-\boldsymbol{H}\boldsymbol{s}) \tag{7}$$

因为 $\boldsymbol{C}$ 不是对角矩阵，这意味着穷举搜索!

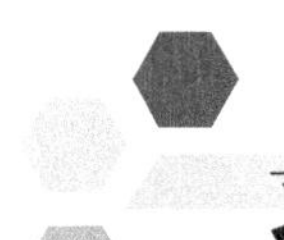

习题 12 几何MIMO信道模型

问题：假定发射机和接收机都采用均匀线阵（Uniform Linear Array，ULA），构成 2×2 MIMO 系统，如图 1 所示，给出了第一个发射天线对应的单条路径，这里做窄带假设。另外，发射天线和接收天线之间的距离 d 都为 $\lambda/2$。假设有 K 条路径，$\tau_i = 0$。

1. 利用 $\boldsymbol{x}(\theta_i) = \begin{bmatrix} 1 \\ \exp(-\mathrm{j}\pi\sin\theta_i) \end{bmatrix}$ 写出信道矩阵。

2. 要实现以下方案，对路径数、离开角 DOD α_i、到达角 DOA θ_i 和复系数 a_i 有什么要求：

(1) 2 条流情况下的 ZF 解码空间复用；

(2) STC 2×2。

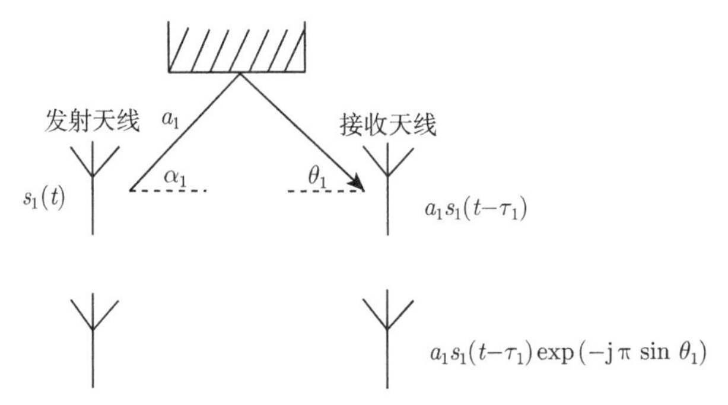

图 1　使用 ULA 的 2×2 MIMO 系统

解答：

1. 第一个发射天线对接收信号的贡献为：

$$\sum_{i=1}^{K} a_i s_1(t)\boldsymbol{x}(\theta_i) = s_1(t)\sum_{i=1}^{K} a_i \boldsymbol{x}(\theta_i) \tag{1}$$

类似的，第二个发射天线对接收信号的贡献为：

$$s_2(t)\sum_{i=1}^{K} a_i \exp(-\mathrm{j}\pi\sin\alpha_i)\boldsymbol{x}(\theta_i) \tag{2}$$

因此，MIMO 信道矩阵可以简单地表示为：

$$\boldsymbol{H}_{2\times 2} = \left[\begin{array}{cc} \sum_{i=1}^{K} a_i \boldsymbol{x}(\theta_i) & \sum_{i=1}^{K} a_i \exp(-\mathrm{j}\pi\sin\alpha_i)\boldsymbol{x}(\theta_i) \end{array}\right] \tag{3}$$

2. 从研究 $\boldsymbol{H}$ 的秩开始。

(1) 当只有一条路径 $(K=1)$ 时，有：

$$\boldsymbol{H} = [a_1 \boldsymbol{x}(\theta_1) \qquad \exp(-\mathrm{j}\pi\sin\alpha_1)\underbrace{a_1 \boldsymbol{x}(\theta_1)}_{\text{第 1 列}}] \tag{4}$$

很明显，秩为 1。

(2) 当存在 2 条或更多 $a_i \neq 0$ 的路径，并且有不同的 DOA 和 DOD 时，可以得到秩为 2。

(3) 当存在多条具有相同 DOA 的路径时，$\theta_i = \theta$，得到：

$$\boldsymbol{H} = \left[\begin{array}{cc} \boldsymbol{x}(\theta)\sum_{i=1}^{K} a_i & \boldsymbol{x}(\theta)\sum_{i=1}^{K} a_i \exp(-\mathrm{j}\pi\sin\alpha_i) \end{array}\right] \tag{5}$$

这意味着秩为 1。

(4) 当存在多条具有相同 DOD 的路径时，$\alpha_i = \alpha$，得到：

$$\boldsymbol{H} = \left[\sum_{i=1}^{K} a_i \boldsymbol{x}(\theta_i) \qquad \exp(-\mathrm{j}\pi\sin\alpha)\underbrace{\sum_{i=1}^{K} a_i \boldsymbol{x}(\theta_i)}_{\text{第 1 列}}\right] \tag{6}$$

这意味着秩为 1。

总之，为了使秩为 2，需要至少 2 条功率不可忽略、DOA 和 DOD 不同的路径。

这意味着 ZF 解码 2 条流 SM 的方案需要满足秩 =2 的条件，而 STC+MRC 则始终适用（对信道矩阵没有限制）。

习题 13 容忍干扰的SM方案

问题：首先给出一个适用于以下模型的最优 ML 估计

$$\boldsymbol{y}_{4\times1}=\boldsymbol{H}_{4\times2}\boldsymbol{s}_{2\times1}+\boldsymbol{n} \tag{1}$$

其中，$\boldsymbol{n}$ 为 $\boldsymbol{E}\boldsymbol{n}\boldsymbol{n}^*=\boldsymbol{I}$ 的向量，其元素为复高斯随机变量。最小二乘解如下：

$$\hat{\boldsymbol{s}}=\left(\boldsymbol{H}^*\boldsymbol{H}\right)^{-1}\boldsymbol{H}^*\boldsymbol{y} \tag{2}$$

而 2×2 的 ML 估计由下式给出：

$$\underset{\boldsymbol{s}\in\mathrm{QAM}^2}{\arg\min}\left(\tilde{\boldsymbol{y}}_{2\times1}-\tilde{\boldsymbol{H}}_{2\times2}\boldsymbol{s}_{2\times1}\right)^*\boldsymbol{\Sigma}_{2\times2}\left(\tilde{\boldsymbol{y}}-\tilde{\boldsymbol{H}}\boldsymbol{s}\right) \tag{3}$$

1. 简要说明如何使用上面给出的适用于 2×2 的最小二乘解和 ML 接收机来实现 4×2 最优 ML 估计。

现在，考虑来自 $\boldsymbol{g}$ 方向的干扰信号 r，使用以下模型而非原始模型：

$$\boldsymbol{y}_{4\times1}=\boldsymbol{H}_{4\times2}\boldsymbol{s}_{2\times1}+\boldsymbol{g}r+\boldsymbol{n} \tag{4}$$

其中，r 为复高斯归一化随机变量。

2. 新模型（含干扰）的最佳 ML 估计是什么？

3. 使用以下模块实现对新模型的最优估计：

(1) 最小二乘法所需计算：$\boldsymbol{A},\boldsymbol{B}=\boldsymbol{A}^{-1},\boldsymbol{d}=\boldsymbol{H}*\boldsymbol{g}$；

(2) 一个大小为 2×2 的 ML 检测器；

(3) 除矩阵求逆和分解外，可对其余矩阵进行基本运算或操作。

提示：以下矩阵求逆引理可能有用。

$$(\boldsymbol{A}+\boldsymbol{x}\boldsymbol{x}^*)^{-1}=\boldsymbol{A}^{-1}-\frac{\boldsymbol{A}^{-1}\boldsymbol{x}\boldsymbol{x}^*\boldsymbol{A}^{-1}}{1+\boldsymbol{x}^*\boldsymbol{A}^{-1}\boldsymbol{x}} \tag{5}$$

解答：

1. ML 估计形式如下：

$$\begin{aligned}\tilde{\boldsymbol{s}}&=\underset{\boldsymbol{s}\in \mathrm{QAM}^2}{\arg\min}\|\boldsymbol{y}-\boldsymbol{H}\boldsymbol{s}\|^2\\&=\underset{\boldsymbol{s}\in \mathrm{QAM}^2}{\arg\min}\,(\hat{\boldsymbol{s}}-\boldsymbol{s})^*\,\boldsymbol{H}^*\boldsymbol{H}\,(\hat{\boldsymbol{s}}-\boldsymbol{s})\end{aligned} \tag{6}$$

其中，$\hat{\boldsymbol{s}}$ 为最小二乘解：

$$\hat{\boldsymbol{s}}=(\boldsymbol{H}^*\boldsymbol{H})^{-1}\boldsymbol{H}^*\boldsymbol{y} \tag{7}$$

因此，令 $\tilde{\boldsymbol{y}}=\hat{\boldsymbol{s}}$, $\tilde{\boldsymbol{H}}=\boldsymbol{I}$，$\boldsymbol{\Sigma}=\boldsymbol{H}^*\boldsymbol{H}$，则可用现有的 2×2 ML 检测器完美实现 4×2 最优 ML 估计。

2. 类似的，在干扰和噪声的协方差 $\boldsymbol{C}$ 已知的情况下，ML 检测器的形式如下：

$$\begin{aligned}\tilde{\boldsymbol{s}}&=\underset{\boldsymbol{s}\in \mathrm{QAM}^2}{\arg\min}(\boldsymbol{y}-\boldsymbol{H}\boldsymbol{s})^*\boldsymbol{C}^{-1}(\boldsymbol{y}-\boldsymbol{H}\boldsymbol{s})\\&=\underset{\boldsymbol{s}\in \mathrm{QAM}^2}{\arg\min}\,(\hat{\boldsymbol{s}}-\boldsymbol{s})^*\,\boldsymbol{H}^*\boldsymbol{C}^{-1}\boldsymbol{H}\,(\hat{\boldsymbol{s}}-\boldsymbol{s})\end{aligned} \tag{8}$$

其中，$\hat{\boldsymbol{s}}$ 为加权最小二乘解：

$$\hat{\boldsymbol{s}}=(\boldsymbol{H}^*\boldsymbol{C}^{-1}\boldsymbol{H})^{-1}\boldsymbol{H}^*\boldsymbol{C}^{-1}\boldsymbol{y} \tag{9}$$

3. SM 检测器可以用上述的 2×2 ML 模块来实现，其中$\boldsymbol{\Sigma}=\boldsymbol{H}*\boldsymbol{C}^{-1}\boldsymbol{H}$，因此需要在不直接求逆的情况下计算$\boldsymbol{\Sigma}$和$\boldsymbol{\Sigma}^{-1}$（对于 $\hat{\boldsymbol{s}}$）。

利用矩阵求逆引理，$\boldsymbol{C}^{-1}$ 可写为：

$$\boldsymbol{C}^{-1}=(\boldsymbol{I}+\boldsymbol{g}\boldsymbol{g}^*)^{-1}=\boldsymbol{I}-\frac{\boldsymbol{g}\boldsymbol{g}^*}{1+\|\boldsymbol{g}\|^2}=\boldsymbol{I}-\alpha\boldsymbol{g}\boldsymbol{g}^* \tag{10}$$

其中，$\alpha=(1+\|\boldsymbol{g}\|^2)^{-1}$，这样$\boldsymbol{\Sigma}$可表示为：

$$\boldsymbol{\Sigma}=\boldsymbol{H}^*\boldsymbol{C}^{-1}\boldsymbol{H}=\boldsymbol{H}^*(\boldsymbol{I}-\alpha\boldsymbol{g}\boldsymbol{g}^*)\boldsymbol{H}=\boldsymbol{H}^*(\boldsymbol{H}-\alpha\boldsymbol{g}\boldsymbol{g}^*\boldsymbol{H})=\underbrace{\boldsymbol{H}^*\boldsymbol{H}}_{\boldsymbol{A}}-\alpha\underbrace{\boldsymbol{H}^*\boldsymbol{g}}_{\boldsymbol{d}}\boldsymbol{g}^*\boldsymbol{H}$$

$$=\boldsymbol{A}-\alpha\boldsymbol{d}\boldsymbol{d}^* \tag{11}$$

再次应用矩阵求逆引理得出$\boldsymbol{\Sigma}^{-1}$：

$$\begin{aligned}\boldsymbol{\Sigma}^{-1}&=(\boldsymbol{A}-\alpha\boldsymbol{d}\boldsymbol{d}^*)^{-1}=\underbrace{\boldsymbol{A}^{-1}}_{\boldsymbol{B}}+\frac{\alpha\boldsymbol{A}^{-1}\boldsymbol{d}\boldsymbol{d}^*\boldsymbol{A}^{-1}}{1-\alpha\boldsymbol{d}^*\boldsymbol{A}^{-1}\boldsymbol{d}}\\&=\boldsymbol{B}+\alpha\beta\boldsymbol{q}\boldsymbol{q}^*\quad（此处利用\boldsymbol{B}=\boldsymbol{B}^*）\end{aligned} \tag{12}$$

其中，$\boldsymbol{q}=\boldsymbol{B}\boldsymbol{d},\beta=(1-\alpha\boldsymbol{d}^*\boldsymbol{B}\boldsymbol{d})^{-1}$。

最终得到：

$$\hat{\boldsymbol{s}}=\underbrace{(\boldsymbol{B}+\alpha\beta\boldsymbol{q}\boldsymbol{q}^*)}_{\boldsymbol{\Sigma}^{-1}}\boldsymbol{H}^*\underbrace{(\boldsymbol{I}-\alpha\boldsymbol{g}\boldsymbol{g}^*)}_{\boldsymbol{C}^{-1}}\boldsymbol{y}=(\boldsymbol{B}+\alpha\beta\boldsymbol{q}\boldsymbol{q}^*)(\boldsymbol{H}^*-\alpha\boldsymbol{d}\boldsymbol{g}^*)\boldsymbol{y} \tag{13}$$

合理性检验：对于 $\boldsymbol{d}=\boldsymbol{H}^*\boldsymbol{g}=0$，即无干扰 ($\boldsymbol{g}=0$)，或干扰信道与期望信道正交，则得到原始结果$\boldsymbol{\Sigma}=\boldsymbol{A},\hat{\boldsymbol{s}}=\boldsymbol{B}\boldsymbol{H}^*\boldsymbol{y}$。

习题 14

波束赋形降低时延扩展

问题：假定一个具有两个接收天线（沿阵列放置）的 OFDM 系统，如图 1 所示，OFDM 保护间隔为 T_{g}。信号沿两条不同路径到达天线阵列，到达角与时延均不相同，时延分别为 τ_1 和 τ_2，满足 $|\tau_2-\tau_1|>T_{\mathrm{g}}$。

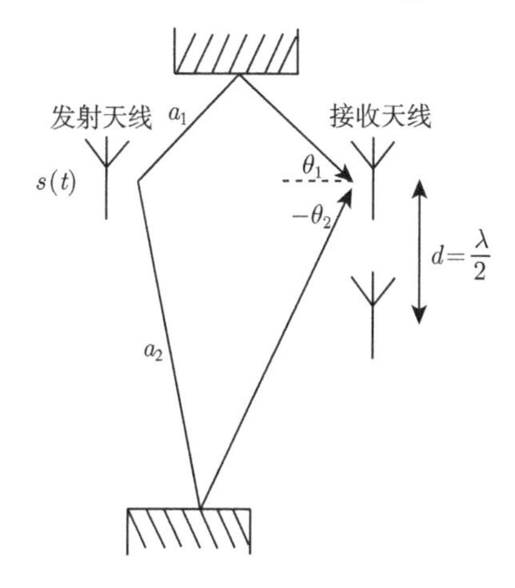

图 1　信号经两条路径到达的示意

1. 基于窄带假设，写出接收基带信号 $\boldsymbol{y}(t)_{2\times 4}$ 的模型。

2. 如使用单个接收天线，会存在什么问题？

3. 接收端在 FFT 后进行合路（不同接收天线间合路）可以解决这个问题吗？如果可以，应使用哪种组合向量？

解答：

1. 接收信号的基带形式如下：

$$\boldsymbol{y}(t)=a_1 s(t-\tau_1)\boldsymbol{x}(\theta_1)+a_2 s(t-\tau_2)\boldsymbol{x}(\theta_2) \tag{1}$$

其中，$\boldsymbol{x}(\theta)=[1-\exp(-\mathrm{j}\pi\sin\theta)]^{\mathrm{T}}$ 为对应到达角 θ 的导向向量。

2. 当时延扩展大于保护间隔，使用单个天线接收会出现 ISI。

3. 使用任何满足 $\boldsymbol{w}^*\boldsymbol{x}(\theta_2)=0$ 的组合向量 $\boldsymbol{w}$ 可以消除第二次反射的信号，即：

$$\begin{aligned} z(t) &= \boldsymbol{w}^*\boldsymbol{y}(t)=\boldsymbol{w}^*[a_1 s(t-\tau_1)\boldsymbol{x}(\theta_1)+a_2 s(t-\tau_2)\boldsymbol{x}(\theta_2)] \\ &= a_1 s(t-\tau_1)\boldsymbol{w}^*\boldsymbol{x}(\theta_1)+a_2 s(t-\tau_2)\underbrace{\boldsymbol{w}^*\boldsymbol{x}(\theta_2)}_{0}=a_1 s(t-\tau_1)\boldsymbol{w}^*\boldsymbol{x}(\theta_1) \end{aligned} \tag{2}$$

如上式所示，当 $|\boldsymbol{w}^*\boldsymbol{x}(\theta_1)|>0$ 时，合并后的时延扩展减少为零，也就不会产生 ISI，很明显也可以消除第一个反射路径。由于 FFT 是线性运算，可以使用 $\boldsymbol{w}^*$ 在 FFT 后进行合并。合并向量 $\boldsymbol{w}^*$ 可以简单选择为 $\boldsymbol{A}=[\boldsymbol{x}(\theta_1),\boldsymbol{x}(\theta_2)]$ 的逆的第一行，由于 $\theta_1\neq\theta_2$，矩阵 $\boldsymbol{A}$ 是可逆的。选择 $\boldsymbol{A}$ 矩阵的逆的第一行可以保证 $\boldsymbol{w}^*\boldsymbol{x}(\theta_2)=0$ 和 $\boldsymbol{w}^*\boldsymbol{x}(\theta_1)=1$。

习题 15

低通OFDM

问题：要求实现一个低通 OFDM 系统，该系统在 DC 附近有 63 个子载波。每个子载波包含一个 QAM 符号，这样，所传输的实值信号由下式给出：

$$r(t) = \sum_{k=1}^{63} a_k \cos\left(2\pi \frac{k}{T} t + \phi_k\right), \qquad 0 \leqslant t \leqslant T \tag{1}$$

1. 假设一个发射机有标准 IFFT 模块。描述采样率和 IFFT 的大小。注意，标准 IFFT 的公式如下：

$$x_n = \sum_{k=0}^{P-1} X_k \exp\left(\mathrm{j}\frac{2\pi}{P} kn\right), \qquad n = 0, \cdots, P-1 \tag{2}$$

其中，P 为 2 的幂。

2. 给出一个合适的接收机，并描述白噪声条件下的检测算法。

解答：

1. 把传输的信号重写为：

$$\begin{aligned} r(t) &= \sum_{k=1}^{63} a_k \cos\left(2\pi \frac{k}{T} t + \phi_k\right) \\ &= \mathrm{Re}\left\{\sum_{k=1}^{63} \underbrace{a_k \mathrm{e}^{\mathrm{j}\phi_k}}_{\tilde{a}_k} \exp\left(\mathrm{j}2\pi \frac{k}{T} t\right)\right\} \\ &= \frac{1}{2}\sum_{k=1}^{63} \tilde{a}_k \exp\left(\mathrm{j}2\pi \frac{k}{T} t\right) + \frac{1}{2}\sum_{k=1}^{63} \tilde{a}_k^* \exp\left(-\mathrm{j}2\pi \frac{k}{T} t\right) \end{aligned} \tag{3}$$

这很容易写成类似长度为 $2^7 = 128$ 的 DTFT 的格式：

$$r(t)=\sum_{k=-64}^{63} b_k \exp\left(\mathrm{j}2\pi\frac{k}{T}t\right),\quad b_k=\begin{cases}0, & k=0\\ \frac{1}{2}\tilde{a}_k, & 1\leqslant k\leqslant 63\\ \frac{1}{2}\tilde{a}^*_{-k}, & -63\leqslant k\leqslant -1\\ 0, & k=-64\end{cases}\tag{4}$$

因此很自然，$r(t)$ 使用 $[0,T)$ 区间内（这与实值信号的奈奎斯特定理是吻合的）的 128 个等间距样本重建 [周期 $\mathrm{sinc}(\cdot)$ 内插]：

$$r_n=r\left(t=\frac{T}{128}n\right)=\sum_{k=-64}^{63} b_k \exp\left(\mathrm{j}\frac{2\pi}{128}kn\right),\qquad n=0,\cdots,127\tag{5}$$

现在，只需要用标准 IFFT 重写 r_n：

$$\begin{aligned}r_n&=\sum_{k=0}^{63} b_k \exp\left(\mathrm{j}\frac{2\pi}{128}kn\right)+\sum_{k=-64}^{-1} b_k \exp\left(\mathrm{j}\frac{2\pi}{128}kn\right)\\&=\sum_{k=0}^{63} b_k \exp\left(\mathrm{j}\frac{2\pi}{128}kn\right)+\sum_{\tilde{k}=64}^{127} b_{\tilde{k}-128} \exp\left(\mathrm{j}\frac{2\pi}{128}(\tilde{k}-128)n\right)\\&=\sum_{k=0}^{127} c_k \exp\left(\mathrm{j}\frac{2\pi}{128}kn\right),\qquad c_k=\begin{cases}b_k, & 0\leqslant k\leqslant 63\\ b_{k-128}, & 64\leqslant k\leqslant 127\end{cases}\end{aligned}\tag{6}$$

其中，$\tilde{k}=k+128$。因此，基带发射机和常规 OFDM 相同，只是 IFFT 长度为常规 OFDM 的 2 倍。

2. 基带接收机也和常规 OFDM 相同，区别在于 FFT 长度为常规 OFDM 的 2 倍。在这里，只需丢弃 FFT 后的样本 $64,\cdots,127$，因为它们包含冗余信息。

习题 16
IQ不平衡的最优OFDM检测

问题：假设 OFDM 系统有 N 个子载波，采用 QAM 调制。第一个子载波（索引为 0）未使用。接收到的基带信号由下式给出：

$$y(n) = x(n) * h(n) + v(n) \tag{1}$$

其中，$x(n)$ 是发射端信号，$h(n)$ 是信道冲激响应，$v(n)$ 是 AWGN，循环前缀大于信道的时延扩展。

接收机在信号中引入失真，失真后接收的信号由下式给出：

$$\tilde{y}(n) = (1+\alpha)\mathrm{Re}\{y(n)\} + \mathrm{j}\ \mathrm{Im}\{y(n)\} \tag{2}$$

1. 描述 FFT 输出后的信号（假设是无噪声系统）。

2. 在有噪声的情况下，FFT 输出的最优检测器是什么？此处禁止使用 IFFT 操作。同时假设在白信道的情况，例如 $h(n) = \delta(n)$。

解答：

1. 如果没有 IQ 不平衡（并且 CP 足够长），FFT 后信号 a_k 采用如下形式：

$$a_k = h_k s_k + \rho n_k \tag{3}$$

将不平衡的时域信号重写为：

$$\begin{aligned}\tilde{y}_n &= (1+\alpha)\mathrm{Re}\{y_n\} + \mathrm{j}\ \mathrm{Im}\{y_n\} \\ &= y_n + \alpha\mathrm{Re}\{y_n\} \\ &= \left(1+\frac{\alpha}{2}\right)y_n + \frac{\alpha}{2}y_n^*\end{aligned} \tag{4}$$

因此无噪声 FFT 输出为 $(1 \leqslant k \leqslant N-1)$:

$$\begin{aligned}\tilde{a}_k &= \left(1+\frac{\alpha}{2}\right)a_k + \frac{\alpha}{2}\sum_{n=0}^{N-1} y_n^* \exp\left(-\mathrm{j}\frac{2\pi}{N}kn\right) \\ &= \left(1+\frac{\alpha}{2}\right)a_k + \frac{\alpha}{2}a_{N-k}^*\end{aligned} \tag{5}$$

显然这意味着产生了子载波间干扰（一对子载波信号互相混叠）。

2. 由于子载波间干扰，需要对 2 个子载波进行联合解码。无噪声版为：

$$\begin{bmatrix} \tilde{a}_k \\ \tilde{a}_{N-k}^* \end{bmatrix} = \begin{bmatrix} \left(1+\frac{\alpha}{2}\right)h_k & \frac{\alpha}{2}h_{N-k}^* \\ \frac{\alpha}{2}h_k & \left(1+\frac{\alpha}{2}\right)h_{N-k}^* \end{bmatrix} \begin{bmatrix} s_k \\ s_{N-k}^* \end{bmatrix} \tag{6}$$

在这里，加入噪声较为简单，因为噪声只是受到 IQ 不平衡的影响，没有经过信道。因此，在有噪声的情况下，得到：

$$\begin{aligned}\underbrace{\begin{bmatrix} \tilde{a}_k \\ \tilde{a}_{N-k}^* \end{bmatrix}}_{\tilde{\boldsymbol{a}}_k} &= \underbrace{\begin{bmatrix} \left(1+\frac{\alpha}{2}\right)h_k & \frac{\alpha}{2}h_{N-k}^* \\ \frac{\alpha}{2}h_k & \left(1+\frac{\alpha}{2}\right)h_{N-k}^* \end{bmatrix}}_{\boldsymbol{H}_k} \underbrace{\begin{bmatrix} s_k \\ s_{N-k}^* \end{bmatrix}}_{\boldsymbol{s}_k} \\ &\quad + \underbrace{\begin{bmatrix} \left(1+\frac{\alpha}{2}\right) & \frac{\alpha}{2} \\ \frac{\alpha}{2} & \left(1+\frac{\alpha}{2}\right) \end{bmatrix}}_{\boldsymbol{B}} \begin{bmatrix} n_k \\ n_{N-k}^* \end{bmatrix}\end{aligned} \tag{7}$$

因此，最优解码器类似于 SM 2×2 的 ML 解码器：

$$\tilde{\boldsymbol{s}}_k = \underset{\boldsymbol{s}_k(1)\in\mathrm{QAM},\boldsymbol{s}_k(2)\in\mathrm{QAM}^*}{\arg\min} \left(\tilde{\boldsymbol{a}}_k - \boldsymbol{H}_k\boldsymbol{s}_k\right)^* \left(\boldsymbol{B}\boldsymbol{B}^*\right)^{-1} \left(\tilde{\boldsymbol{a}}_k - \boldsymbol{H}_k\boldsymbol{s}_k\right) \tag{8}$$

在 AWGN ($h_k = 1$) 的特例中，有 $\boldsymbol{H}_k = \boldsymbol{B}$，所以 ZF 检测器是最优的。

习题 17 使用IFFT的低复杂度SDMA预编码

问题：给定一个下行 SDMA 系统，其中发射机配备了 16 个发射天线，并且它正向 16 个接收机发射信号，每个接收机配备了一个接收天线。发射天线沿直线阵列排列，相邻天线之间的距离为 $d=\lambda/2$。接收机位于角度 θ_n（相对于发射阵列的宽边）使得满足：

$$\sin\theta_n = 2\frac{n}{N}-1, \qquad n=0,\cdots,N-1 \tag{1}$$

如图 1 所示，假设为 LOS 信道，则没有多径存在。

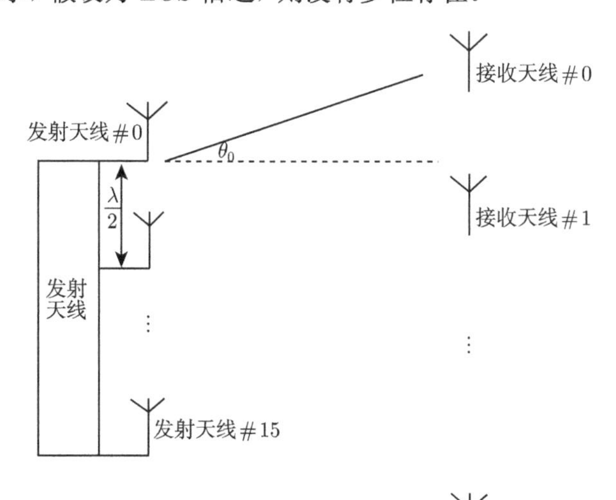

图 1　下行 SDMA 设置，16 个发射天线和 16 个接收机（每个接收机只有一个接收天线）

1. 这对于 SDMA 组是一个不错的选择吗？

2. 每个子载波的预编码处理需要进行 $16^2 = 256$ 次乘法运算。预编码过程能否有更高效的实现算法（从而可以减少乘法运算的次数）？

解答：

1. 从第 m 个发射机到第 n 个接收机的信道采取以下形式（复数缩放）：

$$H_{n,m} = \exp\left(-\mathrm{j}\pi \sin\theta_n \cdot m\right) = \exp\left(-\mathrm{j}\pi\left(2\frac{n}{N}-1\right)\cdot m\right) = (-1)^m \exp\left(-\mathrm{j}\frac{2\pi}{N}n\,m\right) \tag{2}$$

这是一个有吸引力的 SDMA 分组，因为 $\boldsymbol{H}$ 的各行（各个接收机的信道向量）是正交的：

$$\begin{aligned} H(n_1,:)H(n_2,:)^* &= \sum_{m=0}^{N-1}\underbrace{(-1)^{2m}}_{1}\mathrm{e}^{-\mathrm{j}\frac{2\pi}{N}n_1 m}\mathrm{e}^{\mathrm{j}\frac{2\pi}{N}n_2 m} \\ &= \sum_{m=0}^{N-1}\mathrm{e}^{-\mathrm{j}\frac{2\pi}{N}(n_1-n_2)m} = N\delta(n_1-n_2) \end{aligned} \tag{3}$$

所以，每条流都可以使用其自身的最优预编码器进行预编码——其自身的归一化共轭信道。

2. 预编码后的信号形式如下：

$$\begin{aligned} \boldsymbol{x} = \boldsymbol{W}\boldsymbol{s} = c\cdot\boldsymbol{H}^*\boldsymbol{s} &\Rightarrow W_{k,l} = c\cdot(-1)^k\mathrm{e}^{\mathrm{j}\frac{2\pi}{N}k\,l} \\ &\Rightarrow x_k = c\cdot(-1)^k\underbrace{\sum_{l=0}^{N-1}s_l\mathrm{e}^{\mathrm{j}\frac{2\pi}{N}k\,l}}_{\boldsymbol{s}\text{的 IFFT}} \end{aligned} \tag{4}$$

因此，预编码信号可以通过 IFFT 操作实现，该操作需要进行 $\frac{N}{2}\log_2 N = 32$ 次乘法运算（加上用于 c 的 16 次乘法运算）。直接实现需要 $16^2 = 256$ 次乘法运算（加上用于 c 的 16 次乘法运算），因此 IFFT 实现效率要高得多，通过 $\boldsymbol{s}$ 的循环移位可以避免 $(-1)^k$ 的乘积。

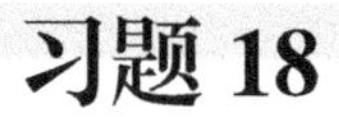

习题 18

强干扰源下的接收机分集

问题：给定一个有两个接收天线的系统，其接收信号由下式给出：

$$\boldsymbol{y}_{2\times1}=\boldsymbol{h}s+\rho\boldsymbol{n}+\boldsymbol{g}r \tag{1}$$

其中，s 是传输的 QAM 符号，$\boldsymbol{h}$ 是对应于发射机的信道，$\boldsymbol{n}\sim\mathrm{CN}(\boldsymbol{0},\boldsymbol{I})$，$\boldsymbol{g}$ 是对应于干扰源的信道，而且 $r\sim\mathrm{CN}(0,1)$，r 在统计上与 $\boldsymbol{n}$ 无关。

1. 给定 $\boldsymbol{h}$ 和 $\boldsymbol{g}$ 的情况下，最优检测器是什么？

2. 假设 $\boldsymbol{g}=\beta\frac{\boldsymbol{w}}{\|\boldsymbol{w}\|}$，其中 $\boldsymbol{w}\sim\mathrm{CN}(\boldsymbol{0},\boldsymbol{I})$ 和 $\boldsymbol{h}\sim\mathrm{CN}(\boldsymbol{0},\boldsymbol{I})$，二者统计独立。在 $\beta^2\gg\rho^2$ 极限情况下的 ppSNR 是多少？

3. 计算如上相同极限情况下的分集阶数和阵列增益。提示：

(1) 长度为 m 的两个向量之间的夹角分布为 $p(\alpha)=2\sin^{2m-3}\alpha\cos\alpha$，$0\leqslant\alpha\leqslant\pi/2$;

(2) $$\int\frac{1}{(1+ax)^2}\mathrm{d}x=-\frac{1}{a^2x+a}; \tag{2}$$

(3) 可能有帮助的矩阵求逆引理：

$$(\boldsymbol{A}+\boldsymbol{x}\boldsymbol{x}^*)^{-1}=\boldsymbol{A}^{-1}-\frac{\boldsymbol{A}^{-1}\boldsymbol{x}\boldsymbol{x}^*\boldsymbol{A}^{-1}}{1+\boldsymbol{x}^*\boldsymbol{A}^{-1}\boldsymbol{x}} \tag{3}$$

解答：

1. 干扰和噪声的协方差矩阵为：

$$\boldsymbol{C}=\rho^2\boldsymbol{I}+\boldsymbol{g}\boldsymbol{g}^* \tag{4}$$

因此，最小方差无失真响应（Minimum Variance Distortionless Response，MVDR）

为：

$$\hat{s}=\frac{\boldsymbol{h}^{*}\boldsymbol{C}^{-1}\boldsymbol{y}}{\boldsymbol{h}^{*}\boldsymbol{C}^{-1}\boldsymbol{h}} \tag{5}$$

2. ppSNR 为 $\boldsymbol{h}^{*}\boldsymbol{C}^{-1}\boldsymbol{h}$。利用矩阵求逆引理，矩阵 $\boldsymbol{C}^{-1}$ 可以写为：

$$\begin{aligned}\boldsymbol{C}^{-1}&=\left(\rho^{2}\boldsymbol{I}+\boldsymbol{g}\boldsymbol{g}^{*}\right)^{-1}\\&=\frac{1}{\rho^{2}}\boldsymbol{I}-\frac{\frac{1}{\rho^{4}}\boldsymbol{g}\boldsymbol{g}^{*}}{1+\frac{1}{\rho^{2}}\|\boldsymbol{g}\|^{2}}\\&=\frac{1}{\rho^{2}}\boldsymbol{I}-\frac{\boldsymbol{g}\boldsymbol{g}^{*}}{\rho^{4}+\rho^{2}\underbrace{\|\boldsymbol{g}\|^{2}}_{\beta^{2}}}\quad\xrightarrow[\beta^{2}\gg\rho^{2}]{}\frac{1}{\rho^{2}}\left(\boldsymbol{I}-\frac{\boldsymbol{g}\boldsymbol{g}^{*}}{\|\boldsymbol{g}\|^{2}}\right)\end{aligned} \tag{6}$$

因此，在大 $\dfrac{\beta^{2}}{\rho^{2}}$ 的极限情况下，ppSNR 为：

$$\begin{aligned}\boldsymbol{h}^{*}\boldsymbol{C}^{-1}\boldsymbol{h}&\to\frac{1}{\rho^{2}}\left(\|\boldsymbol{h}\|^{2}-\frac{\boldsymbol{h}^{*}\boldsymbol{g}\boldsymbol{g}^{*}\boldsymbol{h}}{\|\boldsymbol{g}\|^{2}}\right)\\&=\frac{1}{\rho^{2}}\left(\|\boldsymbol{h}\|^{2}-\frac{\|\boldsymbol{h}\|^{2}\|\boldsymbol{g}\|^{2}\cos^{2}\alpha}{\|\boldsymbol{g}\|^{2}}\right)=\frac{\|\boldsymbol{h}\|^{2}}{\rho^{2}}\left(1-\cos^{2}\alpha\right)\end{aligned} \tag{7}$$

其中，ρ 是 $\boldsymbol{h}$ 和 $\boldsymbol{g}$（或者 $\boldsymbol{h}$ 和 $\boldsymbol{w}$）之间的夹角。

3. 以 α 为条件的错误概率满足：

$$\Pr\{\text{error}|\alpha\}\leqslant\frac{1}{\left[1+\frac{\text{SNR}(1-\cos^{2}\alpha)}{2}\right]^{2}} \tag{8}$$

对于无条件错误概率，有：

$$\begin{aligned}\Pr\{\text{error}\}&\leqslant\int_{0}^{\pi/2}\frac{1}{\left[1+\frac{\text{SNR}(1-\cos^{2}\alpha)}{2}\right]^{2}}\underbrace{\sin 2\alpha}_{p(\alpha)}\mathrm{d}\alpha\\&=\int_{0}^{1}\frac{1}{\left(1+\frac{\text{SNR}\cdot z}{2}\right)^{2}}\mathrm{d}z,\qquad z=\sin^{2}\alpha\end{aligned} \tag{9}$$

根据已有提示 $a=\frac{\mathrm{SNR}}{2}$，可以得出：

$$\Pr\{\text{error}\}\leqslant\int_0^1\frac{1}{(1+a\,z)^2}\mathrm{d}z=\frac{1}{a}-\frac{1}{a(a+1)}=\frac{1}{a+1}=\frac{1}{1+\frac{\mathrm{SNR}}{2}} \tag{10}$$

这意味着 DO=1 和 AG=1（强干扰源“抵消”了一个接收天线）。

习题 19 BLE MIMO检测中的ppSINR

问题：空间复用系统模型如下：

$$y = Hs + \rho n \tag{1}$$

其中，n 是噪声向量，使得 $n \sim \mathrm{CN}(\mathbf{0}, I)$，并且 s 是包含 QPSK 符号的向量。

使用了 BLE 类型的估计量，其形式如下：

$$\hat{s} = \underbrace{H^* \left(HH^* + \rho^2 I\right)^{-1}}_{G} y \tag{2}$$

将第 i 个流的 ppSINR（处理后的接收信号功率与噪声干扰功率的比值）表示为 $X_{i,i}$ 的函数，其中 $X = GH$。

提示：如果表示矩阵 A 的第 i 行上的平方和为 $||A(i,:)||^2$，那么：

$$\|A(i,:)\|^2 = (AA^*)_{i,i} \tag{3}$$

解答：聚焦第一条流（不失一般性），得到：

$$\hat{s}_1 = X(1,:)s + \rho G(1,:)n = \underbrace{X_{1,1}s_1}_{\text{信号}} + \underbrace{X_{1,2}s_2 + \cdots + X_{1,N}s_N}_{\text{干扰}} + \underbrace{\rho G(1,:)n}_{\text{噪声}} \tag{4}$$

因此，第一条流的 ppSINR 为：

$$\begin{aligned} \mathrm{ppSINR}_1 &= \frac{|X_{1,1}|^2}{\|X(1,2:N)\|^2 + \rho^2\|G(1,:)\|^2} \\ &= \frac{|X_{1,1}|^2}{\|X(1,:)\|^2 - |X_{1,1}|^2 + \rho^2\|G(1,:)\|^2} \\ &= \frac{|X_{1,1}|^2}{(XX^*)_{1,1} + \rho^2(GG^*)_{1,1} - |X_{1,1}|^2} \end{aligned} \tag{5}$$

现在，基于 $\boldsymbol{X}=\boldsymbol{G}\boldsymbol{H}$，得到：

$$
\begin{aligned}
\text{ppSINR}_1 &= \frac{|\boldsymbol{X}_{1,1}|^2}{(\boldsymbol{G}\boldsymbol{H}\boldsymbol{H}^*\boldsymbol{G}^*)_{1,1}+\rho^2(\boldsymbol{G}\boldsymbol{G}^*)_{1,1}-|\boldsymbol{X}_{1,1}|^2} \\
&= \frac{|\boldsymbol{X}_{1,1}|^2}{(\boldsymbol{G}\left[\boldsymbol{H}\boldsymbol{H}^*+\rho^2\boldsymbol{I}\right]\boldsymbol{G}^*)_{1,1}-|\boldsymbol{X}_{1,1}|^2} \\
&= \frac{|\boldsymbol{X}_{1,1}|^2}{(\underbrace{\boldsymbol{H}^*\left[\boldsymbol{H}\boldsymbol{H}^*+\rho^2\boldsymbol{I}\right]^{-1}}_{\boldsymbol{G}}\left[\boldsymbol{H}\boldsymbol{H}^*+\rho^2\boldsymbol{I}\right]\boldsymbol{G}^*)_{1,1}-|\boldsymbol{X}_{1,1}|^2} \\
&= \frac{|\boldsymbol{X}_{1,1}|^2}{(\boldsymbol{H}^*\boldsymbol{G}^*)_{1,1}-|\boldsymbol{X}_{1,1}|^2} = \frac{|\boldsymbol{X}_{1,1}|^2}{(\boldsymbol{X}^*)_{1,1}-|\boldsymbol{X}_{1,1}|^2}
\end{aligned} \tag{6}
$$

因为 $\boldsymbol{X}=\boldsymbol{X}^*,\boldsymbol{X}$ 的对角线为实值，所以得到：

$$
\text{ppSINR}_i = \frac{(\boldsymbol{X}_{i,i})^2}{\boldsymbol{X}_{i,i}-(\boldsymbol{X}_{i,i})^2} = \frac{\boldsymbol{X}_{i,i}}{1-\boldsymbol{X}_{i,i}} \tag{7}
$$

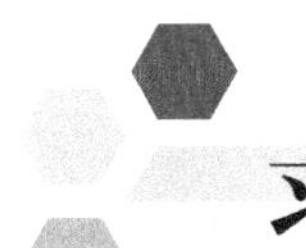

习题 20

具有最小相关性的最佳天线间距

问题：请选择一对天线的摆放方式，使得多径信道之间的相关性最小。

1. 当宽边测量的到达角（DoA）方向在 $[0, 2\pi)$ 上均匀分布时，天线之间的最佳间距是多少？

2. 当到达角（DoA）方向在 $[-\delta, \delta]$ 上均匀分布，且 $\delta \ll 1$ 时，天线之间的最佳间距是多少？

3. 当两个以上的天线位于一条直线上，且每对天线的间距相同时，上述 1 和 2 两种情况之间的本质区别是什么？

提示：

(1) 可以使用窄带假设；

(2) 参照图 1 所示的贝塞尔函数图。

$$J_n(x) = \frac{1}{2\pi}\int_{\theta=0}^{2\pi} \exp\left(\mathrm{j}(n\theta - x\sin\theta)\right) \mathrm{d}\theta \tag{1}$$

解答：

1. 在多径传播情况较多时，接收天线上的信号形式为：

$$\boldsymbol{y}(t) = s(t)\sum_{i=0}^{N-1} a_i \begin{bmatrix} 1 \\ \exp\left(-\mathrm{j}2\pi\dfrac{d}{\lambda}\sin\theta_i\right) \end{bmatrix} \tag{2}$$

其中，$s(t)$ 为基带信号，a_i 为第 i 条路径（角度均匀分布）的复增益，θ_i 为第 i 条路径的 DoA。

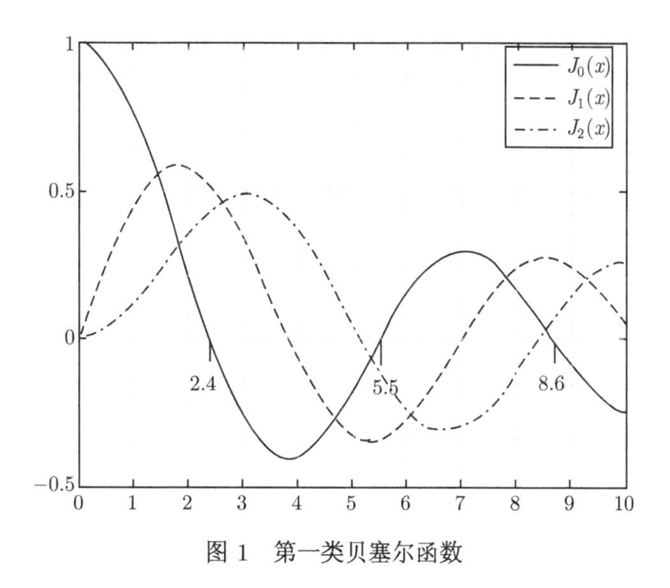

图 1 第一类贝塞尔函数

则天线间信道相关性为：

$$\mathrm{E}\left[\sum_{i=0}^{N-1} a_i \sum_{k=0}^{N-1} a_k^* \exp\left(\mathrm{j}2\pi\frac{d}{\lambda}\sin\theta_k\right)\right] \tag{3}$$

复系数 a_i 之间不相关，所以得到：

$$\begin{aligned}&\mathrm{E}\left[\sum_{i=0}^{N-1} |a_i|^2 \exp\left(\mathrm{j}2\pi\frac{d}{\lambda}\sin\theta_i\right)\right]\\&=\sigma^2\frac{1}{2\pi}\int_0^{2\pi}\exp\left(\mathrm{j}2\pi\frac{d}{\lambda}\sin\theta\right)\,\mathrm{d}\theta=\sigma^2 J_0\left(2\pi\frac{d}{\lambda}\right)\end{aligned} \tag{4}$$

贝塞尔函数 $J_0(x)$ 在 $x=2.4$ 处取得第一个根，因此获得零相关的最佳（同时也最小）间距为：

$$2\pi\frac{d}{\lambda}=2.4\Rightarrow d=\frac{2.4}{2\pi}\lambda\approx 0.38\lambda$$

2. 这里，相关性采取了以下形式：

$$\sigma^2\frac{1}{2\delta}\int_{-\delta}^{\delta}\exp\left(\mathrm{j}2\pi\frac{d}{\lambda}\sin\theta\right)\,\mathrm{d}\theta\approx\sigma^2\frac{1}{2\delta}\int_{-\delta}^{\delta}\exp\left(\mathrm{j}2\pi\frac{d}{\lambda}\theta\right)\,\mathrm{d}\theta \tag{5}$$

函数 $\int_{-\delta}^{\delta}\exp(\mathrm{j}2\pi x\theta)\,\mathrm{d}\theta$ 为在 $x=\dfrac{1}{2\delta}$ 处有第一零值的 $\mathrm{sinc}(\cdot)$ 函数（矩形脉冲

的傅里叶变换），因此天线之间的最佳间距为：

$$\frac{d}{\lambda} = \frac{1}{2\delta} \Rightarrow d = \frac{\lambda}{2\delta} \tag{6}$$

3. 当部署两个以上的天线时，这两种情况有一个根本的区别。在解答 1 中，不能放置两个以上的零相关天线（参见贝塞尔函数的根），而在本习题的解答 2 中，则可以做到 [sinc(·) 函数的所有根之间的距离是 $\frac{1}{2\delta}$ 的整数倍]。

习题 21

时域零陷的宽带信号

问题：有 4 个天线位于一条直线上，彼此间距 $d = \frac{\lambda}{2}$。以下两个信号以相同的功率到达阵列：

(1) 相对于宽边 DoA 为 0 度的有用信号 $s(t)$；

(2) 相对于宽边 DoA 为 30 度的干扰信号 $g(t)$。

图 1 描述了一个到达信号为 $s(t)$ 和 $g(t)$ 的天线阵列。在接收机处，对 4 个接收信号 $y_0(t), \cdots, y_3(t)$ 进行如下合并：

$$z(t) = \frac{1}{4} \sum_{a=0}^{3} y_n(t) \tag{1}$$

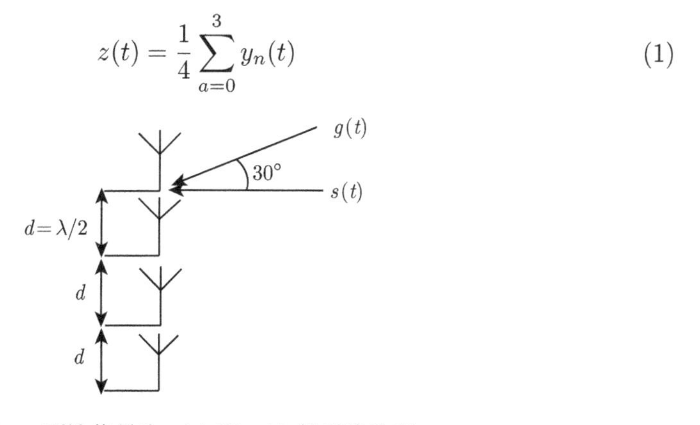

图 1　到达信号为 $s(t)$ 和 $g(t)$ 的天线阵列

1. 当信号满足窄带假设时，合并后的信干比（Signal to Interference Ratio，SIR）是多少？

2. 假设信号是同步的 OFDM 信号，符号持续时间为 T，循环前缀足够长（没有 ISI），并且为宽带信号（不满足窄带假设）。若满足 $\frac{k}{T} = \frac{f_c}{10}$，子载波上的 SIR 是多少？请以 dB 为单位。

解答：

1. 在窄带假设下，接收信号形式如下：

$$\boldsymbol{y}(t)=s(t)\begin{bmatrix}1\\1\\1\\1\end{bmatrix}+g(t)\begin{bmatrix}1\\ \exp\left(-\mathrm{j}\pi\sin\dfrac{\pi}{6}\right)\\ \exp\left(-\mathrm{j}2\pi\sin\dfrac{\pi}{6}\right)\\ \exp\left(-\mathrm{j}3\pi\sin\dfrac{\pi}{6}\right)\end{bmatrix} \tag{2}$$

因此，在合并后的输出为：

$$z(t)=s(t)+\underbrace{\frac{1}{4}g(t)\,[1\ 1\ 1\ 1]\begin{bmatrix}1\\ \exp\left(-\mathrm{j}\dfrac{\pi}{2}\right)\\ \exp\left(-\mathrm{j}\pi\right)\\ \exp\left(-\mathrm{j}\dfrac{3}{2}\pi\right)\end{bmatrix}}_{0}=s(t) \tag{3}$$

这意味着无穷大的 SIR。

2. 在不满足窄带假设的情况下，在第 n 个天线上的接收信号为：

$$\begin{aligned}y_n(t)&=s(t)+g\left(t-\frac{d\sin\frac{\pi}{6}}{C}n\right)\exp\left(-\mathrm{j}n\pi\sin\frac{\pi}{6}\right)\\&=s(t)+g\left(t-\frac{1}{4f_\mathrm{c}}n\right)\exp\left(-\mathrm{j}\frac{n}{2}\pi\right)\end{aligned} \tag{4}$$

因此，合并后的输出为：

$$z(t)=s(t)+\frac{1}{4}\sum_{n=0}^{3}g\left(t-\frac{1}{4f_\mathrm{c}}n\right)\exp\left(-\mathrm{j}\frac{n}{2}\pi\right) \tag{5}$$

对于 OFDM 调制信号：

$$s(t)=\sum_k a_k\exp\left(\mathrm{j}2\pi\frac{k}{T}t\right),\quad g(t)=\sum_k b_k\exp\left(\mathrm{j}2\pi\frac{k}{T}t\right) \tag{6}$$

在第 k 个子载波上，合并信号为：

$$
\begin{aligned}
z_k &= a_k + \frac{1}{4}\sum_{n=0}^{3} b_k \exp\left(-\mathrm{j}2\pi\frac{k}{T}\frac{1}{4f_\mathrm{c}}n\right)\exp\left(-\mathrm{j}\frac{n}{2}\pi\right) \\
&= a_k + \frac{1}{4}b_k\sum_{n=0}^{3}\exp\left(-\mathrm{j}2\pi\underbrace{\left(\frac{k}{T}\frac{1}{4f_\mathrm{c}}+\frac{1}{4}\right)}_{x}n\right)
\end{aligned}
\tag{7}
$$

函数 $\phi(x)=\sum_{n=0}^{3}\exp(-\mathrm{j}2\pi xn)$ 是一个周期性 $\mathrm{sinc}(\cdot)$ 函数，在 $x=\dfrac{1}{4}$ 处有第一个零点。

合理性检验：对于 $k=0$ 的情况，可以得到窄带假设下的无穷大的 SIR。

现在，对于 $\dfrac{k}{T}=\dfrac{f_\mathrm{c}}{10}$，信号能量为 1，而干扰能量为：

$$
\frac{1}{16}|\phi(x)|^2=\frac{1}{16}\left|\frac{\sin(4\pi x)}{\sin(\pi x)}\right|^2\approx 0.01,\qquad x=\frac{1}{4}\times 1.1 \tag{8}
$$

即 SIR 约为 20 dB。

习题 22

选择分集上的DO和AG

问题：给定一个单个发射天线、N 个接收天线的系统，其中所有信道是独立同分布的复高斯随机变量，即 CN(0,1)。选择最强的天线（以 $|h_i|$ 的最大功率为准）而不是 MRC，并且仅对所选的天线进行 SISO 处理。使用阵列增益的二次定义（将误码率曲线与具有相同分集度的参考曲线进行比较），计算分集阶数和阵列增益（作为 N 的函数）。

提示：

(1) 建议参见 $P_{|h|^2_{max}}$ 的泰勒展开式的第一项；

(2) $$\int_0^{\infty} \mathrm{e}^{-ax}x^m \mathrm{d}x = \frac{m!}{a^{m+1}}, a>0; \tag{1}$$

(3) $$\mathrm{e}^x \cong 1+x, x\to 0。 \tag{2}$$

解答：从计算 $|h|^2_{\max}$ 的累积分布函数开始。

$$\Pr\left\{|h|^2_{\max}<x\right\} = \prod_{i=0}^{N-1}\Pr\left\{|h_i|^2<x\right\} = \prod_{i=0}^{N-1}\Pr\left\{|h_i|<\sqrt{x}\right\} \tag{3}$$

基于每个 $|h_i|$ 都是瑞利分布的，而且 $\sigma^2=1/2$，得到：

$$\Pr\left\{|h_i|<\sqrt{x}\right\} = \int_0^{\sqrt{x}} 2z\,\mathrm{e}^{-z^2}\mathrm{d}z = 1-\mathrm{e}^{-x} \tag{4}$$

因此，累积分布函数为：

$$\Pr\left\{|h|^2_{\max}<x\right\} = (1-\mathrm{e}^{-x})^N \tag{5}$$

$|h|^2_{\max}$ 的分布为：

$$p_{|h|^2_{\max}}(x) = \frac{\mathrm{d}}{\mathrm{d}x}\Pr\left\{|h|^2_{\max}<x\right\} = N(1-\mathrm{e}^{-x})^{N-1}\mathrm{e}^{-x} \tag{6}$$

使用 e^{-x} 的泰勒展开式，得到：

$$\begin{aligned}p_{|h|^2_{\max}}(x) &= N\left[1-\left(1-x+\frac{x^2}{2}-\frac{x^3}{6}+\cdots\right)\right]^{N-1}\left(1-x+\frac{x^2}{2}-\frac{x^3}{6}+\cdots\right)\\ &= N\left(x-\frac{x^2}{2}+\frac{x^3}{6}-\cdots\right)^{N-1}\left(1-x+\frac{x^2}{2}-\frac{x^3}{6}+\cdots\right)\\ &= Nx^{N-1}+o(x^N)\end{aligned} \tag{7}$$

其中，$o(x^N)$ 为高阶项。(在不太严格的情况下，$\mathrm{e}^{-x}\approx 1-x$，可得到相同结果。) 因此，错误概率近似（对较大的 SNR 来说）为 [类似于第 4 章中的式 (4.17)]：

$$\Pr\{\text{error}\}\approx\int_{x=0}^{\infty}\exp\left(-\frac{x}{2\rho^2}\right)Nx^{N-1}\mathrm{d}x=\frac{N!}{\left(\frac{1}{2\rho^2}\right)^N} \tag{8}$$

所以很明显 DO 为 N。根据移位定义计算 AG，得到：

$$\frac{N!}{\left(\frac{1}{2\rho^2}\right)^N}=\frac{1}{\left(\frac{1}{\sqrt[N]{N!}\cdot 2\rho^2}\right)^N}=\frac{1}{\left(\frac{\mathrm{AG}}{N\cdot 2\rho^2}\right)^N}\Rightarrow \mathrm{AG}=\frac{N}{\sqrt[N]{N!}} \tag{9}$$

习题 23

双射线模型

问题：图 1 所示为一个双射线模型，满足以下条件：

(1) 地面没有增加任何损耗，只增加了 180° 的相位；

(2) 距离 d 非常大：$d \gg \dfrac{h_t h_r}{\lambda}, d \gg h_t$；

(3) 窄带信号：$\dfrac{1}{\mathrm{BW}} \gg \dfrac{x+x'-l}{C}$。

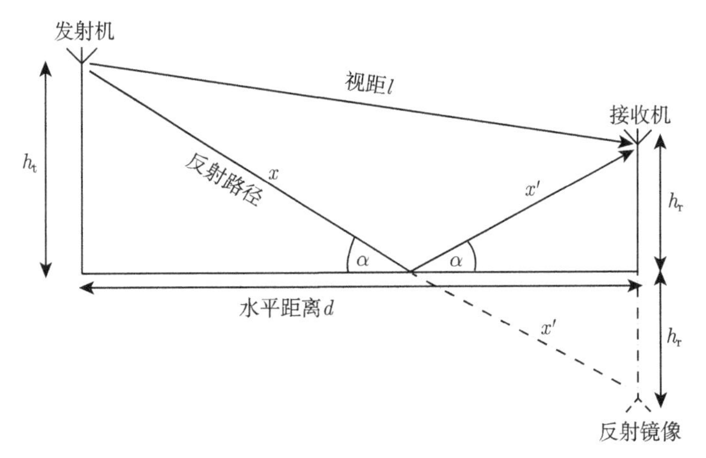

图 1　双射线模型

除此之外，给出如下提示：

(1) 接收到的基带信号中的 LOS 部分为（取决于标量乘法）：

$$\frac{\lambda}{l}s\left(t-\frac{l}{C}\right)\mathrm{e}^{-\mathrm{j}2\pi\frac{l}{\lambda}}$$

(2) $\sqrt{1+x} \cong 1+\dfrac{x}{2}, x \to 0$；

(3) $e^{j\theta} \cong 1 + j\theta, \theta \to 0$。

计算该模型的信道增益，以 d 和 λ 的函数来表示（在 d 非常大的情况下）。

解答：接收到的基带信号与 $y(t)$ 成比例：

$$y(t) = \frac{\lambda}{l} s\left(t - \frac{l}{C}\right) \exp\left(-j2\pi\frac{l}{\lambda}\right) + (-1) \cdot \frac{\lambda}{r} s\left(t - \frac{r}{C}\right) \exp\left(-j2\pi\frac{r}{\lambda}\right) \tag{1}$$

其中，$r = x + x'$，$s(t)$ 为传输的基带信号。因为 $s(t)$ 是一个窄带信号，式 (1) 简化为：

$$y(t) = \lambda s\left(t - \frac{l}{C}\right) \left[\frac{1}{l} \exp\left(-j2\pi\frac{l}{\lambda}\right) - \frac{1}{r} \exp\left(-j2\pi\frac{r}{\lambda}\right)\right] \tag{2}$$

因此复合信道的功率为：

$$\lambda^2 \left|\frac{1}{l} \exp\left(-j2\pi\frac{l}{\lambda}\right) - \frac{1}{r} \exp\left(-j2\pi\frac{r}{\lambda}\right)\right|^2 = \lambda^2 \left|\frac{1}{l} - \frac{1}{r} \exp\left(-j2\pi\frac{r-l}{\lambda}\right)\right|^2 \tag{3}$$

这里的关键是计算射线长度差 $r - l$：

$$\begin{aligned} r - l &= \sqrt{d^2 + (h_t + h_r)^2} - \sqrt{d^2 + (h_t - h_r)^2} \\ &= d\left(\sqrt{1 + \frac{(h_t + h_r)^2}{d^2}} - \sqrt{1 + \frac{(h_t - h_r)^2}{d^2}}\right) \end{aligned} \tag{4}$$

用近似值 $\sqrt{1+\varepsilon} \approx 1 + \varepsilon/2$，对于非常大的 d，得到：

$$r - l \approx d\left\{1 + \frac{(h_t + h_r)^2}{2d^2} - \left[1 + \frac{(h_t - h_r)^2}{2d^2}\right]\right\} = \frac{2h_t h_r}{d} \tag{5}$$

因此使用 $e^{j\varepsilon} \approx 1 + j\varepsilon$，信道功率进一步简化为：

$$\begin{aligned} \lambda^2 \left|\frac{1}{l} - \frac{1}{r} \exp\left(-j4\pi\frac{h_t h_r}{\lambda d}\right)\right|^2 &\approx \lambda^2 \left|\frac{1}{l} - \frac{1}{r}\left(1 - j4\pi\frac{h_t h_r}{\lambda d}\right)\right|^2 \\ &= \lambda^2 \left|\frac{r-l}{rl} + j\frac{1}{r}4\pi\frac{h_t h_r}{\lambda d}\right|^2 \\ &= \frac{\lambda^2}{r^2}\left|\frac{2h_t h_r}{dl} + j4\pi\frac{h_t h_r}{\lambda d}\right|^2 \end{aligned} \tag{6}$$

对于大的 d 取主导项，得到：

$$\text{信道增益} = \frac{\lambda^2}{r^2}\left(4\pi\frac{h_t h_r}{\lambda \cdot d}\right)^2 \approx \frac{(4\pi h_t h_r)^2}{d^4} \tag{7}$$

这意味着对于大的 d，信道增益不依赖于载波频率（而不是像在自由空间中以 f_c^2 衰减），并且随 d^4（而非自由空间的 d^2）衰减。

习题 24 超带宽的SC-FDMA

问题：在标准 SC-FDMA 系统中，M 个 QAM 符号在单个 OFDM 符号内传输（在前 M 个子载波上），连续时间传输信号的形式为：

$$x(t)=\sum_{p=0}^{M-1} z_p \Phi\left(t-\frac{T}{M}p\right), \qquad -T_{\mathrm{g}}<t<T \tag{1}$$

其中：

$$\Phi(t)=\sum_{k=0}^{M-1} \mathrm{e}^{\mathrm{j}\frac{2\pi}{T}kt} \tag{2}$$

需要在前 $Q(Q>M)$ 个子载波上以 SC-FDMA 方式传输信号，使得发射端信号可以表示如下：

$$\tilde{x}(t)=\sum_{p=0}^{M-1} z_p \tilde{\Phi}\left(t-\frac{T}{M}p\right), \qquad -T_{\mathrm{g}}<t<T \tag{3}$$

其中：

$$\tilde{\Phi}(t)=\sum_{k=0}^{M-1} g_k \mathrm{e}^{\mathrm{j}\frac{2\pi}{T}kt} \tag{4}$$

1. 图 1 为新的传输方案（在 Q 个子载波上）的示意图。其中，虚线框部分会执行什么？请给出一个数学推导。

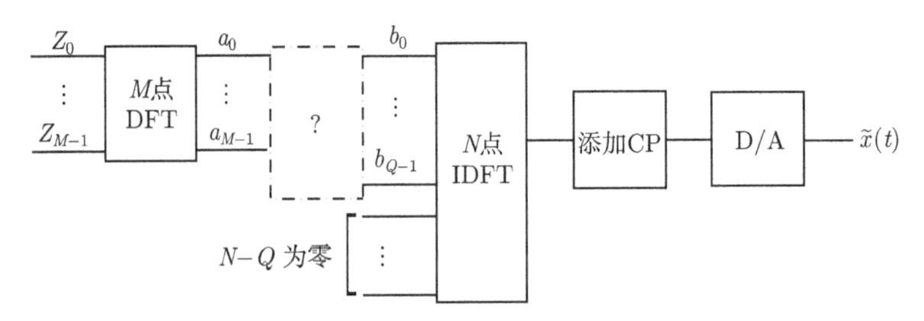

图 1 超带宽 SC-FDMA 传输示意

2. 想要使产生的传输任务不产生 ISI（在发射端），对 $g_k\,(k=0,\cdots,Q-1)$ 有什么要求？请给出一个没有 $\mathrm{e}^{\mathrm{j}\theta}$ 类型的表达式的需求。

解答：

1. 在有 $Q>M$ 个子载波的系统中，发射信号的形式为（简单替代）：

$$\begin{aligned}\tilde{x}(t)&=\sum_{p=0}^{M-1} z_p\tilde{\Phi}\left(t-\frac{T}{M}p\right)\\&=\sum_{p=0}^{M-1} z_p\sum_{k=0}^{Q-1} g_k\exp\left(\mathrm{j}\frac{2\pi}{T}k\left(t-\frac{T}{M}p\right)\right)\\&=\sum_{p=0}^{M-1} z_p\sum_{k=0}^{Q-1} g_k\exp\left(\mathrm{j}\frac{2\pi}{T}kt\right)\exp\left(-\mathrm{j}\frac{2\pi}{M}kp\right)\end{aligned}\tag{5}$$

改变求和顺序：

$$\tilde{x}(t)=\sum_{k=0}^{Q-1} g_k\left[\sum_{p=0}^{M-1} z_p\exp\left(-\mathrm{j}\frac{2\pi}{M}kp\right)\right]\exp\left(\mathrm{j}\frac{2\pi}{T}kt\right)\tag{6}$$

一个关键点是：

$$a_k=\sum_{p=0}^{M-1} z_p\exp\left(-\mathrm{j}\frac{2\pi}{M}kp\right),\qquad k=0,\cdots,Q-1\tag{7}$$

它是循环扩展的适用于 z_p 的 M 点 DFT（因为 M 点 DFT 的周期是以 M 为单位的），因此虚线部分采用循环扩展 (从 M 到 Q 输出)，然后与 g_k 的 Q 个系数相乘。

2. 为了使 ISI 为零，需要确保 QAM z_p 被调制到正交波形上。那么零 ISI 的条件为：

$$\int_{t=0}^{T}\tilde{\Phi}\left(t-\frac{T}{M}p\right)\tilde{\Phi}^*\left(t-\frac{T}{M}(p+\Delta)\right)\mathrm{d}t=0,\qquad \Delta=1,\cdots,M-1\tag{8}$$

插入表达式 $\tilde{\Phi}(t)$，得到：

$$\begin{aligned}&\int_{t=0}^{T}\sum_{k=0}^{Q-1} g_k\exp\left(\mathrm{j}\frac{2\pi}{T}k\left(t-\frac{T}{M}p\right)\right)\sum_{l=0}^{Q-1} g_l^*\exp\left(-\mathrm{j}\frac{2\pi}{T}l\left[t-\frac{T}{M}(p+\Delta)\right]\right)\mathrm{d}t\\&=\sum_{k=0}^{Q-1}\sum_{l=0}^{Q-1} g_k\exp\left(-\mathrm{j}\frac{2\pi}{M}kp\right)g_l^*\exp\left(\mathrm{j}\frac{2\pi}{M}l(p+\Delta)\right)\int_{t=0}^{T}\exp\left(\mathrm{j}\frac{2\pi}{T}(k-l)t\right)\mathrm{d}t\end{aligned}\tag{9}$$

记住，在整数个循环上做积分时：

$$\int_{t=0}^{T} \exp\left(\mathrm{j}\frac{2\pi}{T}(k-l)t\right)\mathrm{d}t = \delta(k-l) \tag{10}$$

零 ISI 条件简化为：

$$\sum_{k=0}^{Q-1} |g_k|^2 \exp\left(\mathrm{j}\frac{2\pi}{M}k\Delta\right) = 0, \qquad \Delta = 1,\cdots,Q-1 \tag{11}$$

合理性检验：对于 $Q=M$，识别一个 M 点 IDFT，所以 $|g_k|^2=\mathrm{const}$。当然，在 SC-FDMA 中 $g_k=1$，这满足所有值为 1 的 IDFT 为 delta 函数的条件。

对于 $Q>M$，我们根据 $\exp\left(\mathrm{j}\frac{2\pi}{M}k\Delta\right)$ 以 M 为周期这一事实，得到条件：

$$\sum_{l=0}^{\infty} |g_{k+l\cdot M}|^2 = \mathrm{const}, \qquad k=0,\cdots,M-1 \tag{12}$$

习题 25 莱斯衰落的接收分集的DO和AG

问题：给定一个有单个发射天线和 N 个接收天线的系统，接收信号的模型为：

$$\boldsymbol{y}=\boldsymbol{h}s+\rho\boldsymbol{n} \tag{1}$$

其中，$\boldsymbol{y}$ 是所有天线上的接收信号，$\boldsymbol{h}$ 是发射天线和所有接收天线之间的信道对应的向量，$\boldsymbol{s}$ 是发射的 QPSK 符号。$\boldsymbol{n}\sim \mathrm{CN}(\boldsymbol{0},\boldsymbol{I})$ 为白噪声（与信道无关），信道分布为 $\boldsymbol{h}_{N\times 1}\sim \mathrm{CN}(m\cdot \boldsymbol{I}_{N\times 1},\ \boldsymbol{I}_{N\times N})$。

1. 写一个接收机的错误概率的表达式。

2. 分集阶数是多少？

3. 阵列增益是多少？（此处的阵列增益定义为在相同分集阶数下，参考曲线的位移）。

提示：

(1) 考虑构造平方式；

(2) 分集阶数和阵列增益都是渐近度量（在高信噪比的情况下）。

解答：

1. 首先，在这种情况下，每个天线的平均信噪比是 $\dfrac{m^2+1}{\rho^2}$，在给定 $\boldsymbol{h}$ 的情况下，错误概率通常为：

$$\Pr\{\mathrm{error}|\boldsymbol{h}\}\leqslant \exp\left(-\frac{\|\boldsymbol{h}\|^2}{2\rho^2}\right) \tag{2}$$

因此，无条件错误概率的上界为：

$$\begin{aligned}\Pr\{\mathrm{error}\}&\leqslant \int_{\boldsymbol{h}\in\mathbb{C}^N}\exp\left(-\frac{\|\boldsymbol{h}\|^2}{2\rho^2}\right)\frac{1}{\pi^N}\exp\left(-\|\boldsymbol{h}-m\boldsymbol{I}\|^2\right)\mathrm{d}\boldsymbol{h}\\&=\frac{1}{\pi^N}\int_{\boldsymbol{h}\in\mathbb{C}^N}\exp\left(-\left(\frac{\|\boldsymbol{h}\|^2}{2\rho^2}+\|\boldsymbol{h}-m\boldsymbol{I}\|^2\right)\right)\mathrm{d}\boldsymbol{h}\end{aligned} \tag{3}$$

构造平方式，并将指数项写为：

$$\frac{\|\boldsymbol{h}\|^2}{2\rho^2}+\|\boldsymbol{h}-m\boldsymbol{I}\|^2=\|\alpha\boldsymbol{h}-\boldsymbol{\beta}\|^2+\gamma \tag{4}$$

得出：

$$\left(1+\frac{1}{2\rho^2}\right)\|\boldsymbol{h}\|^2+m^2N-2\mathrm{Re}(m\boldsymbol{h}^2\mathbf{1})=\alpha^2\|\boldsymbol{h}\|^2+\|\beta\|^2+\gamma-2\mathrm{Re}(\alpha^*\boldsymbol{h}^*\boldsymbol{\beta}) \tag{5}$$

相关变量的解如下：

$$\alpha=\sqrt{1+\frac{1}{2\rho^2}};\boldsymbol{\beta}=\frac{m}{\alpha}\boldsymbol{I},\quad \gamma=m^2N\left(1-\frac{1}{\alpha^2}\right)=m^2N\left(\frac{\frac{1}{2\rho^2}}{1+\frac{1}{2\rho^2}}\right) \tag{6}$$

因此，式 (3) 可重写为：

$$\begin{aligned}\Pr\{\text{error}\}&\leqslant\frac{1}{\pi^N}\mathrm{e}^{-\gamma}\int_{\boldsymbol{h}\in\mathbb{C}^N}\exp\left(-\|\alpha\boldsymbol{h}-\boldsymbol{\beta}\|^2\right)\mathrm{d}\boldsymbol{h}\\&=\frac{1}{\pi^N}\mathrm{e}^{-\gamma}\int_{\boldsymbol{h}\in\mathbb{C}^N}\exp\left(-\boldsymbol{h}^*\boldsymbol{C}^{-1}\boldsymbol{h}\right)\mathrm{d}\boldsymbol{h}\\&=\mathrm{e}^{-\gamma}\frac{1}{\left(1+\frac{1}{2\rho^2}\right)^N}\\&=\exp\left(-m^2N\cdot\frac{\frac{1}{2\rho^2}}{1+\frac{1}{2\rho^2}}\right)\frac{1}{\left(1+\frac{1}{2\rho^2}\right)^N}\end{aligned} \tag{7}$$

其中 $\boldsymbol{C}=\frac{1}{\alpha^2}\boldsymbol{I}$。

2. DO 和 AG 是渐近度量，是在高信噪比的情况下测得的。在高信噪比的情况下，对数 $\log\mathrm{e}^{-\gamma}$ 趋于常数，因此，对于高信噪比：

$$\mathrm{e}^{-m^2N}\cdot\frac{1}{\left(1+\frac{1}{2\rho^2}\right)^N}=\mathrm{e}^{-m^2N}\cdot\frac{1}{\left[1+\frac{\mathrm{SNR}}{2(m^2+1)}\right]^N} \tag{8}$$

这意味着 $\mathrm{DO}=N$。

3. 为了得到 AG，做如下等同：

$$\mathrm{e}^{-m^2 N} \cdot \frac{1}{\left[1+\dfrac{\mathrm{SNR}}{2(m^2+1)}\right]^N} = \frac{1}{\left(1+\dfrac{\mathrm{AG}\cdot\mathrm{SNR}}{2N}\right)^N} \tag{9}$$

因此得到：

$$\left[\frac{\mathrm{e}^{-m^2}}{1+\dfrac{\mathrm{SNR}}{2(m^2+1)}}\right]^N = \left(\frac{1}{1+\dfrac{\mathrm{AG}\cdot\mathrm{SNR}}{2N}}\right)^N \tag{10}$$

在高信噪比的情况下，得到：

$$\mathrm{AG} = \frac{N\mathrm{e}^{m^2}}{m^2+1} \tag{11}$$

合理性检验：AG 随 m 的增加而增加，当 $m=0$，则 $\mathrm{AG}=N$。

习题 26

OFDM相位噪声导致ICI

问题：给定一个大小为 N 的 FFT 的 OFDM 系统，在该系统中，在所有子载波上传输 QPSK 符号。在接收机，时域采样信号（在时域中）受到相位噪声的影响，使得：

$$r_n = s_n \mathrm{e}^{\mathrm{j}\phi_n}, \qquad 0 \leqslant n \leqslant N-1 \tag{1}$$

其中，s_n 为时域中采样的传输信号（对应于单个 OFDM 符号）。

1. 计算由于 ICI 产生的 SINR。

2. 现在信号发生频率偏移，例如，$r_n = s_n \mathrm{e}^{\mathrm{j}2\pi\frac{\Delta k}{N}n}$，其中 Δk 为以子载波间隔为单位的位移。

计算 $k = 0.05$ 时的 SINR。

解答：

1. 在接收机，FFT 后信号采用如下形式：

$$Y_k = \frac{1}{N} S_k \circledast G_k \tag{2}$$

其中，$\circledast$ 表示循环卷积，S_k 和 G_k 分别为 s_n 和 $g_n = \mathrm{e}^{\mathrm{j}\phi_n}$ 的 FFT 输出。由于 S_k 是随机 QPSK 信号，因此 SINR 为：

$$\mathrm{SINR} = \frac{|G_0|^2}{\sum\limits_{k=1}^{N-1} |G_k|^2} = \frac{|G_0|^2}{\sum\limits_{k=0}^{N-1} |G_k|^2 - |G_0|^2} \tag{3}$$

注意，$\sum\limits_{k=0}^{N-1} |g_n|^2 = N$，根据帕塞瓦尔定理可以得到：

$$\mathrm{SINR}=\frac{|G_0|^2}{\sum\limits_{k=0}^{N-1}|G_k|^2-|G_0|^2}=\frac{|G_0|^2}{N^2-|G_0|^2}=\frac{\left|\sum\limits_{n=0}^{N-1}\mathrm{e}^{\mathrm{j}\phi_n}\right|^2}{N^2-\left|\sum\limits_{n=0}^{N-1}\mathrm{e}^{\mathrm{j}\phi_n}\right|^2} \tag{4}$$

2. 对于 $g_n=\exp\left(\mathrm{j}2\pi\frac{\Delta k}{N}n\right)$，得到（几何序列和）：

$$G_0=\sum_{n=0}^{N-1}\exp\left(\mathrm{j}2\pi\frac{\Delta k}{N}n\right)=\frac{\exp\left(\mathrm{j}2\pi\frac{\Delta k}{N}N\right)-1}{\exp\left(\mathrm{j}2\pi\frac{\Delta k}{N}\right)-1} \tag{5}$$

因此，

$$|G_0|=\left|\frac{\exp\left(\mathrm{j}2\pi\frac{\Delta k}{N}N\right)-1}{\exp\left(\mathrm{j}2\pi\frac{\Delta k}{N}\right)-1}\right|=\frac{\sin(\pi\Delta k)}{\sin\left(\frac{\pi\Delta k}{N}\right)} \tag{6}$$

具体来说，对于 $\Delta k=0.05$ 和 $N=512$，可得到：

$$|G_0|=\frac{\sin(0.05\pi)}{\sin\left(\frac{0.05\pi}{512}\right)}=509.89\Rightarrow\mathrm{SINR}=\frac{509.89^2}{512^2-509.89^2}=20.8\ \mathrm{dB} \tag{7}$$

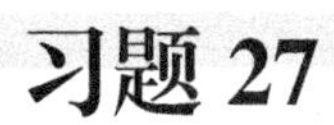

习题 27

应用降维矩阵后的检测

问题：给定一个有单个发射天线和 N 个接收天线的系统，接收信号的模型为：

$$\boldsymbol{y}=\boldsymbol{h}s+\rho\boldsymbol{n} \tag{1}$$

其中，$\boldsymbol{y}$ 是所有天线上的接收信号，$\boldsymbol{h}$ 是发射天线和所有接收天线之间的信道对应的向量，s 是发射的 QPSK 符号，$\boldsymbol{n}\sim\mathrm{CN}(\boldsymbol{0},\boldsymbol{I})$ 为白噪声（与信道无关）。

接收机在接收信号的前面应用矩阵 $\boldsymbol{W}_{N\times M}$，其中 $M<N$。矩阵的这种应用会得到：

$$\tilde{\boldsymbol{y}}_{M\times 1}=\boldsymbol{W}^*\boldsymbol{y} \tag{2}$$

1. 给定 $\tilde{\boldsymbol{y}}_{M\times 1}$ 的情况下，最优检测器是什么？

2. 上一项中检测器的 ppSNR 是多少？

3. $\boldsymbol{W}$ 应该满足什么条件（$\boldsymbol{W}$ 和 $\boldsymbol{h}$ 之间是简单的关系，没有矩阵求逆）才能使得性能与原始向量 $\boldsymbol{y}$ 上的 MRC 相同？

4. 现在假设发射天线和接收天线之间的信道由 K 条路径生成，对上一项的结果做物理解释。

图 1 描述了 $K=M=2$ 的示例。

解答：

1. 施加 $\boldsymbol{W}^*$ 后的接收信号为：

$$\tilde{\boldsymbol{y}}=\boldsymbol{W}^*\boldsymbol{y}=\underbrace{\boldsymbol{W}^*\boldsymbol{h}s}_{\tilde{\boldsymbol{h}}}+\underbrace{\rho\boldsymbol{W}^*\boldsymbol{n}}_{\boldsymbol{m}} \tag{3}$$

用协方差 $\boldsymbol{C}$ 解释有色噪声项 $\boldsymbol{m}$：

$$\boldsymbol{C}=\mathrm{E}[\boldsymbol{m}\boldsymbol{m}^*]=\rho^2\boldsymbol{W}^*\boldsymbol{W} \tag{4}$$

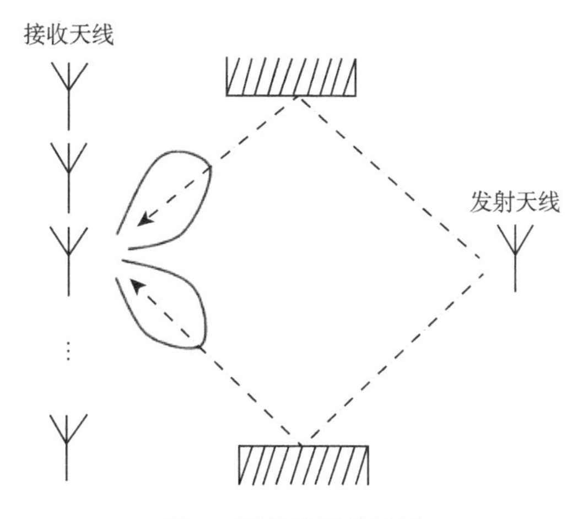

图 1　两条路径的示例

则最优检测器（给定 $\tilde{\boldsymbol{y}}$）为：

$$\hat{s} = \frac{\tilde{\boldsymbol{h}}\boldsymbol{C}^{-1}\tilde{\boldsymbol{y}}}{\tilde{\boldsymbol{h}}^*\boldsymbol{C}^{-1}\tilde{\boldsymbol{h}}} \tag{5}$$

2. 最优检测器的 ppSNR（给定 $\tilde{\boldsymbol{y}}$ 时）为：

$$\tilde{\boldsymbol{h}}^*\boldsymbol{C}^{-1}\tilde{\boldsymbol{h}} = \frac{\boldsymbol{h}^*\boldsymbol{W}(\boldsymbol{W}^*\boldsymbol{W})^{-1}\boldsymbol{W}^*\boldsymbol{h}}{\rho^2} \tag{6}$$

3. MRC 的 ppSNR（给定 $\tilde{\boldsymbol{y}}$）自然是 $\frac{\|\boldsymbol{h}\|^2}{\rho^2}$，因此如果 $\boldsymbol{W}$ 满足以下等式的条件，则 ppSNR 相等：

$$\boldsymbol{h}^*\boldsymbol{W}(\boldsymbol{W}^*\boldsymbol{W})^{-1}\boldsymbol{W}^*\boldsymbol{h} = \boldsymbol{h}^*\boldsymbol{h} \tag{7}$$

由于 $\boldsymbol{W}$ 为 $N \times K$（不可逆），因此条件无法直接得到满足。如果 $\boldsymbol{h}$ 是 $\boldsymbol{W}$ 列的一个线性组合，$\boldsymbol{h} = \boldsymbol{W}\boldsymbol{\alpha}$，式 (7) 的左侧可重写为：

$$\boldsymbol{\alpha}^*\boldsymbol{W}^*\boldsymbol{W}(\boldsymbol{W}^*\boldsymbol{W})^{-1}\boldsymbol{W}^*\boldsymbol{W}\boldsymbol{\alpha} = \boldsymbol{\alpha}^*\boldsymbol{W}^*\boldsymbol{W}\boldsymbol{\alpha} = \boldsymbol{h}^*\boldsymbol{h} \tag{8}$$

因此满足式 (7)。

4. 当有 K 条路径时，信道形式如下：

$$\boldsymbol{h} = \sum_{k=1}^{K} \beta_k \boldsymbol{a}(\theta_k) \tag{9}$$

其中，$\boldsymbol{a}(\theta)$ 是对应于 DoA θ 的导向向量，θ_k 是第 k 条路径的 DoA。

所以，如果 $\boldsymbol{W}$ 的列是 $\boldsymbol{a}(\theta_k)$，其中 $k=1,\cdots,K$（最多每列缩放），那么 $\boldsymbol{h}$ 是 $\boldsymbol{W}$ 各列的线性组合，达到最优性能（与给定整个 $\boldsymbol{y}$ 的 MRC 相同）。

从物理上来说，这意味着 $\boldsymbol{W}$ 的每一列都指向一条路径的 DoA（显然这不是唯一的解决方案，因为单列与 $\boldsymbol{h}$ 成比例也能获得最优性能）。

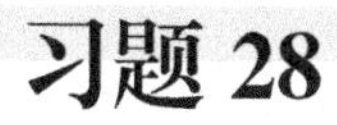

习题 28 循环时延创建每个子载波的发射波束赋形

问题：给定一个有 N 个发射天线和单个接收天线的系统。每对发射天线之间的距离 $d=\dfrac{\lambda}{2}$，来自第一个天线的 OFDM 发射信号由公式 (1) 给出：

$$s(t)=\sum_{k=0}^{N-1} a_k \mathrm{e}^{\mathrm{j}\frac{2\pi}{T}kt}, \qquad -T_{\mathrm{g}}<t<T \tag{1}$$

从其他天线发射的信号为 $s_n(t)=s(t-n\tau)$，其中，$-T_{\mathrm{g}}<t<T$，如图 1 所示：

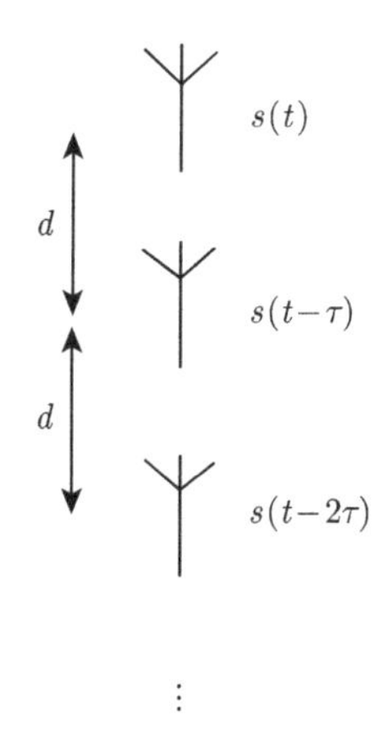

图 1　有 N 个发射天线的天线阵列

1. 在阵列宽边的方向 θ 处，接收机接收到的第 k 个子载波的信号功率是多少（远场）？

2. 波束赋形在第 k 个子载波上应用的方向（角度）是多少（远场）？

解答：

1. 对于阵列的宽边，接收机在 θ 方向上接收到的信号是：

$$
\begin{aligned}
y(t) &= \alpha \sum_{n=0}^{N-1} s_n(t-\Delta)\mathrm{e}^{-\mathrm{j}\pi n \sin\theta} \\
&= \alpha \sum_{n=0}^{N-1} s(t-\Delta-n\tau)\mathrm{e}^{-\mathrm{j}\pi n \sin\theta} \\
&= \alpha \sum_{n=0}^{N-1} \sum_{k} a_k \mathrm{e}^{\mathrm{j}\frac{2\pi}{T}k(t-\Delta-n\tau)}\mathrm{e}^{-\mathrm{j}\pi n \sin\theta)}
\end{aligned}
\tag{2}
$$

变更求和顺序得出：

$$
y(t) = \alpha \sum_{k} a_k \mathrm{e}^{-\mathrm{j}\frac{2\pi}{T}k\Delta}\mathrm{e}^{\mathrm{j}\frac{2\pi}{T}kt} \sum_{n=0}^{N-1} \mathrm{e}^{-\mathrm{j}\pi n\left(\frac{2}{T}k\tau+\sin\theta\right)} \tag{3}
$$

则接收信号第 k 个子载波上的功率为：

$$
|\alpha|^2 \left| \sum_{n=0}^{N-1} \mathrm{e}^{-\mathrm{j}\pi n\left(\frac{2}{T}k\tau+\sin\theta\right)} \right|^2 = |\alpha|^2 \frac{\sin^2\left(\frac{N\pi}{2}\left(\frac{2}{T}k\tau+\sin\theta\right)\right)}{\sin^2\left(\frac{\pi}{2}\left(\frac{2}{T}k\tau+\sin\theta\right)\right)} \tag{4}
$$

2. 发射信号向量为：

$$
\boldsymbol{s}(t) = \begin{bmatrix} \sum\limits_{k} a_k \mathrm{e}^{\mathrm{j}\frac{2\pi}{T}k(t-0\cdot\tau)} \\ \sum\limits_{k} a_k \mathrm{e}^{\mathrm{j}\frac{2\pi}{T}k(t-1\cdot\tau)} \\ \vdots \\ \sum\limits_{k} a_k \mathrm{e}^{\mathrm{j}\frac{2\pi}{T}k[t-(N-1)\cdot\tau]} \end{bmatrix} = \sum_{k} a_k \begin{bmatrix} \mathrm{e}^{-\mathrm{j}\frac{2\pi}{T}k\cdot 0\cdot\tau} \\ \mathrm{e}^{-\mathrm{j}\frac{2\pi}{T}k\cdot 1\cdot\tau} \\ \vdots \\ \mathrm{e}^{-\mathrm{j}\frac{2\pi}{T}k\cdot(N-1)\cdot\tau} \end{bmatrix} \mathrm{e}^{\mathrm{j}\frac{2\pi}{T}kt} \tag{5}
$$

因此，在第 k 个子载波上，实际使用的是发射波束赋形器：

$$\begin{bmatrix} \mathrm{e}^{-\mathrm{j}\frac{2\pi}{T}k\cdot 0\cdot\tau} \\ \mathrm{e}^{-\mathrm{j}\frac{2\pi}{T}k\cdot 1\cdot\tau} \\ \vdots \\ \mathrm{e}^{-\mathrm{j}\frac{2\pi}{T}k\cdot(N-1)\cdot\tau} \end{bmatrix} = \begin{bmatrix} \mathrm{e}^{\mathrm{j}\pi\cdot 0\cdot\sin\phi} \\ \mathrm{e}^{\mathrm{j}\pi\cdot 1\cdot\sin\phi} \\ \vdots \\ \mathrm{e}^{\mathrm{j}\pi\cdot(N-1)\cdot\sin\phi} \end{bmatrix} \tag{6}$$

这意味着指向的方向是 ϕ，所以 $\sin\phi = -\dfrac{2}{T}k\tau$(与前一项相比)。

说明： 此方案用于广播信息传输（用于多用户），以避免偶然发生的波束赋形（如果简单地用多个发射天线发送相同的信号，就会出现这种情况）。

习题 29

无多径的ZF 2×2

问题：给定一个在自由空间（无反射）的 2×2 空间复用系统，如图 1 所示，在接收机处使用 ZF 检测器。

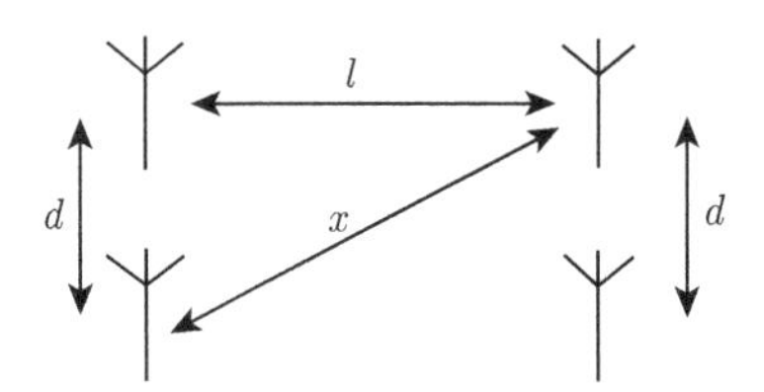

图 1　自由空间中的 2×2 空间复用系统（无反射）

此外，信号为窄带信号，所以 $\dfrac{1}{\mathrm{BW}} \gg \dfrac{x-l}{C}$。

提示：在距离发射机距离 l 处接收的基带信号的形式（乘以缩放因子）为：

$$\frac{\lambda}{l} s\left(t-\frac{l}{C}\right) \mathrm{e}^{-\mathrm{j}2\pi\frac{l}{\lambda}} \tag{1}$$

1. 当 l 趋向无穷大时，ppSNR 会以什么速度衰减？把解写成 l 和 λ 的函数。
2. 解释上一项的结果。

解答：

1. MIMO 信道采用以下形式：

$$\boldsymbol{H}=\begin{bmatrix} \dfrac{\lambda}{l}\mathrm{e}^{-\mathrm{j}2\pi\frac{l}{\lambda}} & \dfrac{\lambda}{x}\mathrm{e}^{-\mathrm{j}2\pi\frac{x}{\lambda}} \\ \dfrac{\lambda}{x}\mathrm{e}^{-\mathrm{j}2\pi\frac{x}{\lambda}} & \dfrac{\lambda}{l}\mathrm{e}^{-\mathrm{j}2\pi\frac{l}{\lambda}} \end{bmatrix} \Rightarrow \boldsymbol{H}^{-1}=\frac{\begin{bmatrix} \dfrac{\lambda}{l}\mathrm{e}^{-\mathrm{j}2\pi\frac{l}{\lambda}} & -\dfrac{\lambda}{x}\mathrm{e}^{-\mathrm{j}2\pi\frac{x}{\lambda}} \\ -\dfrac{\lambda}{x}\mathrm{e}^{-\mathrm{j}2\pi\frac{x}{\lambda}} & \dfrac{\lambda}{l}\mathrm{e}^{-\mathrm{j}2\pi\frac{l}{\lambda}} \end{bmatrix}}{\dfrac{\lambda^2}{l^2}\mathrm{e}^{-\mathrm{j}4\pi\frac{l}{\lambda}}-\dfrac{\lambda^2}{x^2}\mathrm{e}^{-\mathrm{j}4\pi\frac{x}{\lambda}}} \tag{2}$$

因此 ppSNR 自然为 $\dfrac{1}{\|\boldsymbol{H}^{-1}(1,:)\|^2}$，写为：

$$
\begin{aligned}
\frac{\left|\dfrac{\lambda^2}{l^2}\exp\left(-\mathrm{j}4\pi\dfrac{l}{\lambda}\right)-\dfrac{\lambda^2}{x^2}\exp\left(-\mathrm{j}4\pi\dfrac{x}{\lambda}\right)\right|^2}{\dfrac{\lambda^2}{l^2}+\dfrac{\lambda^2}{x^2}} &= \lambda^2\frac{\left|\dfrac{1}{l^2}-\dfrac{1}{x^2}\exp\left(-\mathrm{j}4\pi\dfrac{x-l}{\lambda}\right)\right|^2}{\dfrac{1}{l^2}+\dfrac{1}{x^2}} \\
&= \lambda^2\frac{\left|\dfrac{x^2-l^2\exp\left(-\mathrm{j}4\pi\dfrac{x-l}{\lambda}\right)}{x^2l^2}\right|^2}{\dfrac{x^2+l^2}{x^2l^2}} \\
&= \lambda^2\frac{\left|x^2-l^2\exp\left(-\mathrm{j}4\pi\dfrac{x-l}{\lambda}\right)\right|^2}{(x^2+l^2)x^2l^2} \\
&= \lambda^2\frac{\left|x^2-l^2\exp\left(-\mathrm{j}4\pi\dfrac{\sqrt{l^2+d^2}-l}{\lambda}\right)\right|^2}{(x^2+l^2)x^2l^2} \\
&= \lambda^2\frac{\left|x^2-l^2\exp\left(-\mathrm{j}4\pi\dfrac{l\sqrt{1+\dfrac{d^2}{l^2}}-l}{\lambda}\right)\right|^2}{(x^2+l^2)x^2l^2}
\end{aligned} \tag{3}
$$

现在转到一个渐近分析 $l \gg d$：

$$
\cong \lambda^2\frac{\left|\underbrace{x^2-l^2}_{\text{非领头阶}}+\mathrm{j}l^2\cdot 2\pi\dfrac{\dfrac{d^2}{l}}{\lambda}\right|^2}{(x^2+l^2)x^2l^2} \cong 2\pi^2\left(\frac{d}{l}\right)^4 \tag{4}
$$

其中，$\mathrm{e}^{\mathrm{j}x} \cong 1+\mathrm{j}x$，$x \to 0$。

2. ppSNR 随着 $\dfrac{1}{l^4}$ 的减小迅速下降，这很有意义，因为在远场（如果没有多路径），矩阵的秩应该为 1（不可逆，ppSNR 消失）。

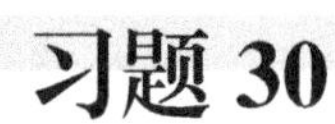

习题 30

具有定时偏差的FFT处理

问题: 给定一个具有 N 个子载波的 OFDM 系统。在接收端有一个错误，导致 FFT 未被应用于正确的位置，FFT 起始位置比正确的位置晚一个样本点（因此下一个 OFDM 符号有一个样本点进入本 FFT），见图 1。

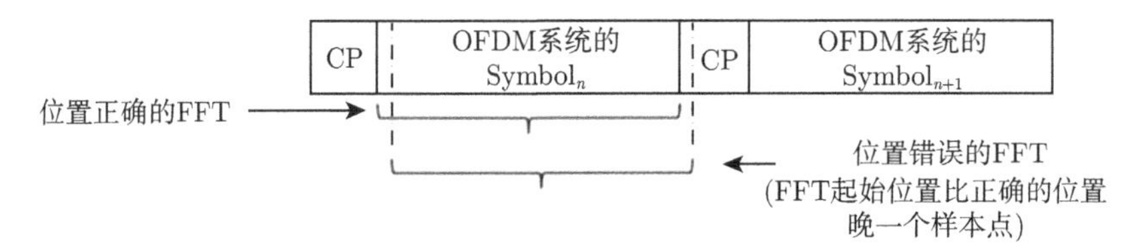

图 1　样本位置有误的 FFT

1. 第 k 个子载波上的 SIR 是多少?

2. 对于较大的 N 值，平均 SIR 是多少? 请解释结果。

解答:

1. 相对于在 $[x_0\ x_1\ \cdots\ x_{N-2}\ x_{N-1}]$ 上做 FFT，需要在 $[x_1\ x_2\ \cdots\ x_{N-1}\ z_{N-L}]$ 上进行 FFT，其中 z_{N-L} 是下一个符号 CP 的第一个样本（它实际是下一个符号的 IFFT 的第 N_L 个样本）。

一个关键点是做 FFT 的顺序为:

$$\begin{bmatrix} x_1 & x_2 & \cdots & x_{N-1} & z_{N-L} \end{bmatrix} = \underbrace{\begin{bmatrix} x_1 & x_2 & \cdots & x_{N-1} & x_0 \end{bmatrix}}_{\text{循环移位}} + \begin{bmatrix} 0 & 0 & \cdots & 0 & z_{N-L}-x_0 \end{bmatrix}$$

因此，FTT 计算后得到的序列为：

$$\tilde{a}_k = a_k e^{j\frac{2\pi}{N}k} + (z_{N-L} - x_0)e^{j\frac{2\pi}{N}k} \tag{1}$$

其中，a_k 为当前符号的 QAM。

$$x_0 = \frac{1}{N}\sum_{m=0}^{N-1} a_m e^{j\frac{2\pi}{N}m\cdot 0} = \frac{1}{N}\sum_{m=0}^{N-1} a_m \tag{2}$$

$$z_{N-l} = \frac{1}{N}\sum_{m=0}^{N-1} b_m e^{j\frac{2\pi}{N}(N-L)} = \frac{1}{N}\sum_{m=0}^{N-1} b_m e^{-j\frac{2\pi}{N}mL} \tag{3}$$

其中，b_k 为下一个符号的 QAM。因此，FFT 后序列可写为：

$$\begin{aligned}\tilde{a}_k &= e^{j\frac{2\pi}{N}k}\left[a_k + \frac{1}{N}\sum b_m e^{-j\frac{2\pi}{N}mL} - \frac{1}{N}\sum_{m=0}^{N-1} a_m\right] \\ &= e^{j\frac{2\pi}{N}k}\left[a_k\left(1-\frac{1}{N}\right) + \underbrace{\frac{1}{N}\sum_{m=0}^{N-1} b_m e^{-j\frac{2\pi}{N}mL}}_{\text{ISI}} - \underbrace{\frac{1}{N}\sum_{m=0,m\neq k}^{N-1} a_m}_{\text{ICI}}\right]\end{aligned} \tag{4}$$

QAM 被归一化（单位方差）而且独立同分布，SIR 如下：

$$\text{SIR}_k = \frac{\left(1-\frac{1}{N}\right)^2}{\frac{N}{N^2} + \frac{N-1}{N^2}} \tag{5}$$

这独立于 k。

2. 当 N 值较大时，SIR 为：

$$\text{SIR} \approx \frac{1}{\frac{2N}{N^2}} = \frac{N}{2} \rightarrow \text{SIR(dB)} = 10\lg N - 3\ (\text{dB}) \tag{6}$$

丢了 N 中的一个样本，添加了一个额外的干扰样本（N 中的样本）。因此，总共有 $(10\lg N - 3)$ dB 的 SIR。

习题 31

4×2 ZF下的DO和AG

问题：给定一个带有 ZF 检测器的空间复用系统，有 4 个接收天线和 2 个发射天线。接收信号的模型为：

$$\boldsymbol{y}=\frac{1}{\sqrt{2}}\boldsymbol{H}_{4\times 2}\boldsymbol{s}+\rho\boldsymbol{n} \tag{1}$$

其中，$\boldsymbol{H}$ 的子信道分布为 CN(0, 1)，并且子信道间独立同分布，$\boldsymbol{s}$ 是包括 QPSK 符号的向量，$\boldsymbol{n}$ 是包括噪声元素的向量，使得 $\boldsymbol{n}\sim \mathrm{CN}(\boldsymbol{0},\boldsymbol{I})$，并且 $\boldsymbol{n}$ 与 $\boldsymbol{H}$ 无关。

1. 用 $\boldsymbol{H}$ 两列之间的夹角计算第一条流对应的 ppSNR。

2. 计算平均错误概率，证明分集阶数为 3，阵列增益为 1.5。

提示：

(1) 长度为 4 的两个独立同分布的向量 $\mathrm{CN}(\boldsymbol{0},\boldsymbol{I})$ 的夹角分布 $p(\alpha)=6\sin^5\alpha\cos\alpha$，$0\leqslant\alpha\leqslant\pi/2$；

(2) $\displaystyle\int\frac{z^2}{(1+az)^4}\mathrm{d}z=-\frac{3a^2z^2+3az+1}{3a^3(1+az)^3}$。

解答：

1. 接收信号的模型为：

$$\boldsymbol{y}=\frac{1}{\sqrt{2}}\boldsymbol{H}_{4\times 2}\boldsymbol{s}+\rho\boldsymbol{n} \tag{2}$$

所以 ZF 检测器为：

$$\hat{\boldsymbol{s}}=\sqrt{2}(\boldsymbol{H}^*\boldsymbol{H})^{-1}\boldsymbol{H}^*\boldsymbol{y}=\boldsymbol{s}+\sqrt{2}\rho(\boldsymbol{H}^*\boldsymbol{H})^{-1}\boldsymbol{H}^*\boldsymbol{n} \tag{3}$$

噪声部分的协方差为：

$$2\rho^2\left(\boldsymbol{H}^*\boldsymbol{H}\right)^{-1}\boldsymbol{H}^*\boldsymbol{H}\left(\boldsymbol{H}^*\boldsymbol{H}\right)^{-1}=2\rho^2\left(\boldsymbol{H}^*\boldsymbol{H}\right)^{-1} \tag{4}$$

具体来说，

$$
\begin{aligned}
2\rho^2\left[\begin{pmatrix} \|\boldsymbol{h}_0\|^2 & \boldsymbol{h}_0^*\boldsymbol{h}_1 \\ \boldsymbol{h}_1^*\boldsymbol{h}_0 & \|\boldsymbol{h}_1\|^2 \end{pmatrix}\right]^{-1} &= 2\rho^2\frac{\left[\begin{pmatrix} \|\boldsymbol{h}_1\|^2 & -\boldsymbol{h}_0^*\boldsymbol{h}_1 \\ -\boldsymbol{h}_1^*\boldsymbol{h}_0 & \|\boldsymbol{h}_0\|^2 \end{pmatrix}\right]}{\|\boldsymbol{h}_0\|^2\|\boldsymbol{h}_1\|^2-|\boldsymbol{h}_0^*\boldsymbol{h}_1|^2} \\
&= 2\rho^2\frac{\left[\begin{pmatrix} \|\boldsymbol{h}_1\|^2 & -\boldsymbol{h}_0^*\boldsymbol{h}_1 \\ -\boldsymbol{h}_1^*\boldsymbol{h}_0 & \|\boldsymbol{h}_0\|^2 \end{pmatrix}\right]}{\|\boldsymbol{h}_0\|^2\|\boldsymbol{h}_1\|^2(1-\cos^2\alpha)}
\end{aligned} \tag{5}
$$

则第一条流的 ppSNR 为：

$$
\text{ppSNR}=\frac{\|\boldsymbol{h}_0\|^2\sin^2\alpha}{2\rho^2} \tag{6}
$$

合理性检验：如果 $\alpha=\pi/2$，且各列正交，则得到 MRC 的 ppSNR（考虑到归一化因子，最高可达 3 dB）。

2. 错误概率以 α 为条件的上界为：

$$
\Pr\{\text{error}|\alpha\}\leqslant\frac{1}{\left(1+\dfrac{\text{SNR}}{4}\sin^2\alpha\right)^2} \tag{7}
$$

则无条件错误概率的上界为：

$$
\Pr\{\text{error}\}\leqslant\int_{\alpha=0}^{\pi/2}\frac{1}{\left(1+\dfrac{\text{SNR}}{4}\sin^2\alpha\right)^2}\cdot\underbrace{3\sin^4\alpha\sin 2\alpha}_{p(\alpha)}\mathrm{d}\alpha \tag{8}
$$

将变量改为 $z=\sin^2\alpha$，得到：

$$
\begin{aligned}
\Pr\{\text{error}\}\leqslant 3\cdot\int_{z=0}^{1}\frac{z^2}{\left(1+\dfrac{\text{SNR}}{4}z\right)^4}\mathrm{d}z &= 3\cdot\int_{z=0}^{1}\frac{z^2}{(1+az)^4}\mathrm{d}z \\
&\xlongequal[\text{使用提示}]{}\frac{1}{(1+a)^3} \\
&= \frac{1}{\left(1+\dfrac{\text{SNR}}{4}\right)^3}
\end{aligned} \tag{9}
$$

其中，$a=\dfrac{\mathrm{SNR}}{4}$，将式 (9) 代入一个偏移的参考曲线的格式，得到：

$$\Pr\{\text{error}\} \leqslant \frac{1}{\left(1+\dfrac{1.5\mathrm{SNR}}{2\times 3}\right)^3} \tag{10}$$

因此，分集阶数为 3，阵列增益为 1.5。

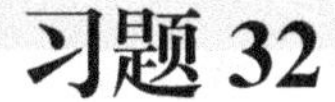

习题 32 有色噪声下的特征波束赋形

问题：给定一个发射天线数为 M（基站侧）、接收天线数为 2（移动终端侧）的特征波束赋形系统。接收信号的模型为：

$$\boldsymbol{y}=\boldsymbol{HW}s+\boldsymbol{m} \tag{1}$$

其中，$\boldsymbol{m}\sim \mathrm{CN}(\boldsymbol{0},\boldsymbol{C})$。

1. 最优预编码器 $\hat{\boldsymbol{w}}$ 是什么？

2. 在 $\boldsymbol{m}\sim \mathrm{CN}(\boldsymbol{0},\rho^2\boldsymbol{I})$ 的标准系统中，按以下方式进行信道估计（从移动终端到基站），然后基于估计的信道进行预编码。

(1) 移动终端发送序列：

$$\begin{array}{cc} & \begin{array}{cc} t_0 & t_1 \end{array} \\ \begin{array}{c} \mathrm{ant}_0 \\ \mathrm{ant}_1 \end{array} & \begin{bmatrix} 1 & 0 \\ 0 & 1 \end{bmatrix} \end{array} \tag{2}$$

(2) 基站估计 $\boldsymbol{H}^{\mathrm{T}}$，并用它来计算最优预编码器。

提出一种对基站透明的预编码计算方法，使该预编码在 $\boldsymbol{m}\sim \mathrm{CN}(\boldsymbol{0},\boldsymbol{C})$ 时也是最优。

解答：

1. 接收侧接收信号 $\boldsymbol{y}=\boldsymbol{Hw}s+\boldsymbol{m}$，MVDR 为最优接收检测器，估计出来的发射信号为：

$$\hat{s}=\frac{(\boldsymbol{Hw})^*\boldsymbol{C}^{-1}\boldsymbol{y}}{(\boldsymbol{Hw})^*\boldsymbol{C}^{-1}(\boldsymbol{Hw})} \tag{3}$$

ppSNR 为：

$$\mathrm{ppSNR}(\boldsymbol{H},\boldsymbol{w})=(\boldsymbol{Hw})^*\boldsymbol{C}^{-1}(\boldsymbol{Hw})=\boldsymbol{w}^*(\boldsymbol{H}^*\boldsymbol{C}^{-1}\boldsymbol{H})\boldsymbol{w} \tag{4}$$

因此，$\hat{w}$ 是 $\boldsymbol{H}^*\boldsymbol{C}^{-1}\boldsymbol{H}$ 的主特征向量。

合理性检验：当 $\boldsymbol{C}=\rho^2\boldsymbol{I}$，上述结果与经典结果一致。

2. 基站能估计出 $\tilde{\boldsymbol{H}}$，并满足 $\tilde{\boldsymbol{H}}^*\tilde{\boldsymbol{H}}=\boldsymbol{H}^*\boldsymbol{C}^{-1}\boldsymbol{H}$，将 $\boldsymbol{C}^{-1}$ 分解为 $\boldsymbol{C}^{-1}=\boldsymbol{Q}^*\boldsymbol{Q}$，则基站想要估计的 $\tilde{\boldsymbol{H}}=\boldsymbol{Q}\boldsymbol{H}$。

估计 $\tilde{\boldsymbol{H}}$ 的解决方案非常简单，不发送 $\begin{bmatrix}1 & 0\\ 0 & 1\end{bmatrix}$，而是发送 $\boldsymbol{Q}^{\mathrm{T}}\begin{bmatrix}1 & 0\\ 0 & 1\end{bmatrix}$。这样基站估计得到的上行等效信道为 $\boldsymbol{H}^{\mathrm{T}}\boldsymbol{Q}^{\mathrm{T}}$（不是 $\boldsymbol{H}^{\mathrm{T}}$），进而可以推导出下行信道 $\tilde{\boldsymbol{H}}=\boldsymbol{Q}\boldsymbol{H}$（不是 $\boldsymbol{H}$）。

习题 33 在OFDM系统中压缩基带信号的 ICI

问题：在一个 OFDM 系统中，基带信号被压缩。非压缩信号可表示为：

$$s(t) = \sum_{k=-N/2}^{N/2-1} a_k \mathrm{e}^{\mathrm{j}2\pi \frac{k}{T} t} \tag{1}$$

收到压缩信号 $\hat{s}(t) = s(t(1-\alpha))$，其中 $\alpha > 0$，$N\alpha \ll 1$。

在接收端，FFT 输出的信号为：

$$y(m) = \sum_{t=0}^{T} \hat{s}(t)\mathrm{e}^{-\mathrm{j}2\pi \frac{m}{T} t}\mathrm{d}t \tag{2}$$

1. 计算边缘子载波 $m = N/2-1$ 上的、由 ICI 导致的信干比下界。

2. 计算索引 $m \gg 1$ 的子载波（子载波距离边缘足够远）上由 ICI 导致的 SIR 的近似值。

提示：

$$\sum_{n=1}^{\infty} \frac{1}{n^2} = \frac{\pi^2}{6}$$

解答：

1. FFT 的输出信号为：

$$\begin{aligned} y(m) &= \int_{t=0}^{T} \tilde{s}(t)\mathrm{e}^{-\mathrm{j}2\pi \frac{m}{T} t}\mathrm{d}t = \int_{t=0}^{T} \sum_{k} a_k \mathrm{e}^{\mathrm{j}2\pi \frac{k}{T}(1-\alpha)t}\mathrm{e}^{-\mathrm{j}2\pi \frac{m}{T} t}\mathrm{d}t \\ &= \sum_{k} a_k \int_{t=0}^{T} \mathrm{e}^{-\mathrm{j}\frac{2\pi}{T}(m-k+\alpha k)t}\mathrm{d}t \end{aligned} \tag{3}$$

积分仅仅是一个窗口的傅里叶变换，采样于 $f = \dfrac{m-k+\alpha k}{T}$，得到：

$$\begin{aligned} y(m) &= \sum_k a_k T \frac{\sin\left(\pi T \cdot \dfrac{m-k+\alpha k}{T}\right)}{\pi T \cdot \dfrac{m-k+\alpha k}{T}} \\ &= \sum_k a_k \underbrace{T \frac{\sin\left(\pi\left(m-k+\alpha k\right)\right)}{\pi\left(m-k+\alpha k\right)}}_{\phi(m-k+\alpha k)} \end{aligned} \tag{4}$$

由于 $m-k$ 是整数，而且 $\alpha k \ll 1$，用式 (5) 的上界：

$$\begin{aligned} |\phi(m-k+\alpha k)| &= T\left|\frac{\sin\left(\pi\left(m-k+\alpha k\right)\right)}{\pi\left(m-k+\alpha k\right)}\right| \\ &\leqslant T\left|\frac{\pi\alpha k}{\pi\left(m-k+\alpha k\right)}\right| \\ &= T\left|\frac{\alpha k}{m-k+\alpha k}\right| \end{aligned} \tag{5}$$

对于 $k<m$（当我们对 $\bar{m}=N/2-1$ 感兴趣时），还可得到：

$$|\phi(m-k+\alpha k)| \leqslant T\left|\frac{\alpha k}{m-k+\alpha k}\right| \leqslant T\left|\frac{\alpha m}{m-k}\right| \tag{6}$$

由此，干扰功率为：

$$\sum_{k=\bar{m}-1,\bar{m}-2,\cdots} \phi^2(\bar{m}-k+\alpha k) \leqslant \sum_{n=1,2,3,\cdots} T^2\left(\frac{\alpha\bar{m}}{n}\right)^2 = T^2\alpha^2\bar{m}^2 \sum_{n=1,2,3,\cdots} \frac{1}{n^2} \tag{7}$$

干扰功率的一个简单而有趣的限值可通过式 (8) 得出：

$$\sum_{n=1,2,3,\cdots} \frac{1}{n^2} \leqslant \sum_{n=1}^{\infty} \frac{1}{n^2} = \frac{\pi^2}{6} \tag{8}$$

因此，最终信干比的限值为：

$$\mathrm{SIR} \geqslant \frac{\sin^2(\pi\alpha\bar{m})}{(\pi\alpha\bar{m})^2} \frac{6}{\alpha^2\bar{m}^2\pi^2} \approx \frac{6}{\alpha^2\pi^2\left(\dfrac{N}{2}-1\right)^2} \tag{9}$$

2. 当 m 值较大但离边缘足够远时，从两边（$k<m$ 和 $k>m$）得出干扰，所以，如果离边缘足够远，无穷和是一个很好的近似，就有：

$$\mathrm{SIR} \approx 2 \cdot \frac{6}{\alpha^2\pi^2 m^2} = \frac{12}{\alpha^2\pi^2 m^2} \tag{10}$$

第四部分

附　　录

- 附录A　SISO模型的物理证明
- 附录B　复正态多元分布
- 附录C　对数似然比
- 附录D　瑞利衰落假设
- 附录E　基于向量的最小二乘法推导
- 附录F　第5章的一些运算结果
- 附录G　2×2 ZF中的DO和AG
- 附录H　空间相关性对MRC的影响
- 附录I　基带信道
- 附录J　SOIA近似
- 附录K　U形PSD的推导

附录 A　SISO 模型的物理证明

考虑以下传输的正弦波：

$$r(t) = A\cos(2\pi f_{\mathrm{c}} t + \phi) \tag{A.1}$$

利用该正弦波，可以调制幅度 A 和/或相位以承载信息。例如，在 QPSK 中，仅调制相位 [假设以下 4 个值之一（2 个信息位）：45°，135°，225°，315°]。

正弦波通过具有频率响应 $H(f)$ 的线性时不变（Linear Time Invariant，LTI）系统信道传播，因此（在稳态下）接收信号（无噪声版本）采用以下形式：

$$e(t) = A|H(f_{\mathrm{c}})|\cos(2\pi f_{\mathrm{c}} t + \phi + \angle H(f_{\mathrm{c}})) \tag{A.2}$$

根据相量重建这个结果，发送了相量 $s = A\mathrm{e}^{\mathrm{j}\phi}$ 并接收了相量：

$$A|H(f_{\mathrm{c}})|\mathrm{e}^{\mathrm{j}[\phi+\angle H(f_{\mathrm{c}})]} = A\mathrm{e}^{\mathrm{j}\phi}|H(f_{\mathrm{c}})|\mathrm{e}^{\mathrm{j}\angle H(f_{\mathrm{c}})} = sH(f_{\mathrm{c}}) \tag{A.3}$$

式 (A.3) 证明收到的信号采用了以下形式：

$$e(t) = \int_{\tau} r(t-\tau)h(\tau)\mathrm{d}\tau \tag{A.4}$$

其中，$h(\tau)$ 是 LTI 信道的冲激响应。

根据其相量 $s = A\mathrm{e}^{\mathrm{j}\phi}$ 重写 $r(t)$：

$$r(t) = \mathrm{Re}\left\{s\mathrm{e}^{\mathrm{j}2\pi f_{\mathrm{c}} t}\right\} \tag{A.5}$$

得到（稳态）：

$$e(t) = \int_{\tau} \mathrm{Re}\left\{s\mathrm{e}^{\mathrm{j}2\pi f_{\mathrm{c}}[t-\tau]}\right\} h(\tau)\mathrm{d}\tau = \mathrm{Re}\left\{s\underbrace{\int_{\tau} h(\tau)\mathrm{e}^{-\mathrm{j}2\pi f_{\mathrm{c}}\tau}\mathrm{d}\tau}_{H(f_{\mathrm{c}})} \cdot \mathrm{e}^{\mathrm{j}2\pi f_{\mathrm{c}} t}\right\} \tag{A.6}$$

这意味着收到的相量是 $sH(f_{\mathrm{c}})$。

附录 B　复正态多元分布

从两个独立同分布高斯变量 x 和 y 开始，它们具有零均值和方差 σ^2。x 和 y 的联合 PDF 是：

$$p(x,y)=p(x)p(y)=\frac{1}{2\pi\sigma^2}\exp\left(-\frac{x^2+y^2}{2\sigma^2}\right) \tag{B.1}$$

定义复随机变量 $z=x+\mathrm{j}y$。请注意，z 的矩（Moments）是：

$$\begin{aligned}\mathrm{E}\left[z\right]&=0\\ \mathrm{E}\left[|z|^2\right]&=2\sigma^2=\sigma_z^2\end{aligned} \tag{B.2}$$

z 的密度采用以下形式表示：

$$p(z)=p(x,y)=\frac{1}{2\pi\sigma^2}\exp\left(-\frac{x^2+y^2}{2\sigma^2}\right)=\frac{1}{\pi\sigma_z^2}\exp\left(-\frac{|z|^2}{\sigma_z^2}\right) \tag{B.3}$$

z 表示循环对称的复正态分布，均值为 0，方差为 σ^2。

通常，具有均值 $\boldsymbol{\mu}$ 和协方差矩阵 $\boldsymbol{\Sigma}=\mathrm{E}\{(\boldsymbol{x}-\boldsymbol{\mu})(\boldsymbol{x}-\boldsymbol{\mu})^{\mathrm{T}}\}$ 的 $N\times 1$ 实值高斯向量 $\boldsymbol{x}$ 的 PDF 为：

$$p(\boldsymbol{x})=\frac{1}{(2\pi)^{N/2}(\det\boldsymbol{\Sigma})^{1/2}}\exp\left(-\frac{1}{2}(\boldsymbol{x}-\boldsymbol{\mu})^{\mathrm{T}}\boldsymbol{\Sigma}^{-1}(\boldsymbol{x}-\boldsymbol{\mu})\right) \tag{B.4}$$

具有平均 $\boldsymbol{\mu}_z$ 和协方差矩阵 $\boldsymbol{\Sigma}_z=\mathrm{E}\left[(\boldsymbol{z}-\boldsymbol{\mu}_z)(\boldsymbol{z}-\boldsymbol{\mu}_z)^*\right]$ 的 $N\times 1$ 复值高斯向量 $\boldsymbol{z}$ 的 PDF 为：

$$p(\boldsymbol{z})=\frac{1}{\pi^N\det\boldsymbol{\Sigma_z}}\exp\left(-(\boldsymbol{z}-\boldsymbol{\mu}_z)^*\boldsymbol{\Sigma}_z{}^{-1}(\boldsymbol{z}-\boldsymbol{\mu}_z)\right) \tag{B.5}$$

由于 $p(\boldsymbol{z})$ 是概率密度函数，因此它遵循：

$$\int_{\boldsymbol{z}\in\mathbb{C}^N}p(\boldsymbol{z})\,\mathrm{d}\boldsymbol{z}=1 \tag{B.6}$$

这就得到了有用的等式注 1：

注1：使用恒等式$\det\left(\boldsymbol{A}^{-1}\right)=\dfrac{1}{\det\boldsymbol{A}}$。

$$\int_{\boldsymbol{z}\in\mathbb{C}^N} \exp\left(-\boldsymbol{z}^*\boldsymbol{\Sigma}_z^{-1}\boldsymbol{z}\right)\,\mathrm{d}\boldsymbol{z} = \frac{\pi^N}{\det(\boldsymbol{\Sigma}_z^{-1})} \tag{B.7}$$

附录 C 对数似然比

在编码系统中，解码器需要针对每个发送的比特进行软判决度量。对数似然比（LLR）就是这样一个度量指标。

在 SISO 的情况（参见 5.1 节）下，对于每个发送的比特 b，接收机会计算 LLR：

$$\mathrm{LLR}(b) = \ln\frac{\Pr\{b=1|y\}}{\Pr\{b=0|y\}} \tag{C.1}$$

使用贝叶斯规则并假设发送符号等概率，LLR 变为：

$$\ln\frac{\sum\limits_{s:b=1} p(y|s)}{\sum\limits_{s:b=0} p(y|s)} = \ln\frac{\sum\limits_{s:b=1}\exp\left(-\frac{|y-hs|^2}{\rho^2}\right)}{\sum\limits_{s:b=0}\exp\left(-\frac{|y-hs|^2}{\rho^2}\right)} \tag{C.2}$$

应用 Max-Log 近似值，得到：

$$\begin{aligned}\mathrm{LLR}(b) &\approx \ln\frac{\exp\left(-\min\limits_{s:b=1}\left\{\frac{|y-hs|^2}{\rho^2}\right\}\right)}{\exp\left(-\min\limits_{s:b=0}\left\{\frac{|y-hs|^2}{\rho^2}\right\}\right)} \\ &= \frac{1}{\rho^2}\left(-\min_{s:b=1}\{|y-hs|^2\} + \min_{s:b=0}\{|y-hs|^2\}\right) \\ &= \frac{|h|^2}{\rho^2}\left(-\min_{s:b=1}\{|\hat{s}-s|^2\} + \min_{s:b=0}\{|\hat{s}-s|^2\}\right)\end{aligned} \tag{C.3}$$

其中 $\hat{s}=y/h$。式 (C.3) 为 ppSNR($|h|^2/\rho^2$) 乘以包含欧几里得距离的表达式。

类似的，在 MIMO 的情况（参见 5.1 节）下，每个发送比特的 LLR 采用这种形式：

$$\mathrm{LLR}(b) \approx \frac{1}{\rho^2}\left(-\min_{\boldsymbol{s}:b=1}\{\|\boldsymbol{y}-\boldsymbol{H}\boldsymbol{s}\|^2\} + \min_{\boldsymbol{s}:b=0}\{\|\boldsymbol{y}-\boldsymbol{H}\boldsymbol{s}\|^2\}\right) \tag{C.4}$$

附录 D　瑞利衰落假设

考虑丰富多径——大量独立路径的情况，每条路径都有增益 β_i 和时延 τ_i，因此信道冲激响应采用如下形式表示：

$$h(\tau)=\sum_i \beta_i \delta(\tau-\tau_i) \tag{D.1}$$

载波频率的频率响应是：

$$H(f_c)=\int_\tau h(\tau)e^{-j2\pi f_c \tau}d\tau=\sum_i \beta_i e^{-j2\pi f_c \tau_i} \tag{D.2}$$

为方便起见，假设增益 β_i 是固定的，并且时延 τ_i 是随机的。进一步假设，传播路径长度 d_i 比载波频率处的波长 λ 长得多（例如，Wi-Fi 5 GHz 的波长为 6 cm，而传播长度以米为单位测量）。

$$d_i \gg \lambda \Rightarrow \frac{d_i}{C} \gg \underbrace{\frac{\lambda}{C}}_{\frac{1}{f_c}} \Rightarrow f_c \cdot \tau_i \gg 1 \tag{D.3}$$

因此，可以合理地假设每条路径的残余相位在 $[0, 2\pi)$ 上是独立且均匀的。

按照这个假设，将频率响应写为：

$$H(f_c)=\sum_i \beta_i e^{j\phi_i}, \quad \phi_i \sim U(0,2\pi) \text{ i.i.d} \tag{D.4}$$

所以，频率响应的实部和虚部分别是：

$$\begin{aligned} \mathrm{Re}\{H(f_c)\} &= \sum_i \beta_i \cos\phi_i \\ \mathrm{Im}\{H(f_c)\} &= \sum_i \beta_i \sin\phi_i \end{aligned} \tag{D.5}$$

由于路径数量多以及 ϕ_i 具有独立性，中心极限定理建议（注意方差相同）：

$$\begin{aligned} \mathrm{Re}\{H(f_c)\} &\sim N\left(0,\frac{1}{2}\sum_i \beta_i^2\right) \\ \mathrm{Im}\{H(f_c)\} &\sim N\left(0,\frac{1}{2}\sum_i \beta_i^2\right) \end{aligned} \tag{D.6}$$

而且，因为有 $\mathrm{E}[\cos\phi_i \sin\phi_i] = 0$，

$$\mathrm{E}[\mathrm{Re}\{H(f_{\mathrm{c}})\}\mathrm{Im}\{H(f_{\mathrm{c}})\}] = 0 \tag{D.7}$$

因此最终，$H(f_{\mathrm{c}})$ 是复正态分布的，均值为 0，方差为 $\sum\limits_i \beta_i^2$。

附录 E 基于向量的最小二乘法推导

我们从一些关于向量分解的有用规则（实值情况）开始介绍。

$$\frac{\partial\left(\boldsymbol{a}^{\mathrm{T}}\boldsymbol{x}\right)}{\partial\boldsymbol{x}} = \boldsymbol{a}^{\mathrm{T}} \tag{E.1}$$

$$\frac{\partial\left(\boldsymbol{A}\boldsymbol{x}\right)}{\partial\boldsymbol{x}} = \boldsymbol{A} \tag{E.2}$$

$$\frac{\partial\left(\boldsymbol{x}^{\mathrm{T}}\boldsymbol{A}\boldsymbol{x}\right)}{\partial\boldsymbol{x}} = \boldsymbol{x}^{\mathrm{T}}\left(\boldsymbol{A}+\boldsymbol{A}^{\mathrm{T}}\right) \tag{E.3}$$

采用上述规则来获得最小二乘问题的解：

$$\hat{\boldsymbol{s}} = \arg\min_{\boldsymbol{s}} \|\,\boldsymbol{y}-\boldsymbol{H}\boldsymbol{s}\|^2 \tag{E.4}$$

通过函数 $\|\,\boldsymbol{y}-\boldsymbol{H}\boldsymbol{s}\|^2$ 对 $\boldsymbol{s}$ 求导来获得关于 $\boldsymbol{s}$ 的最小二乘解：

$$\begin{aligned}\frac{\partial\left(\|\,\boldsymbol{y}-\boldsymbol{H}\boldsymbol{s}\|^2\right)}{\partial\boldsymbol{s}} &= \frac{\partial\left((\,\boldsymbol{y}-\boldsymbol{H}\boldsymbol{s})^{\mathrm{T}}(\,\boldsymbol{y}-\boldsymbol{H}\boldsymbol{s})\right)}{\partial\boldsymbol{s}} \\ &= \frac{\partial\left(\boldsymbol{y}^{\mathrm{T}}\boldsymbol{y}-2\boldsymbol{y}^{\mathrm{T}}\boldsymbol{H}\boldsymbol{s}+\boldsymbol{s}^{\mathrm{T}}\boldsymbol{H}^{\mathrm{T}}\boldsymbol{H}\boldsymbol{s}\right)}{\partial\boldsymbol{s}} \\ &= -2\boldsymbol{y}^{\mathrm{T}}\boldsymbol{H}+2\boldsymbol{s}^{\mathrm{T}}\left(\boldsymbol{H}^{\mathrm{T}}\boldsymbol{H}\right)\end{aligned} \tag{E.5}$$

式 (E.5) 等于 0，得到：

$$-\boldsymbol{y}^{\mathrm{T}}\boldsymbol{H}+\hat{\boldsymbol{s}}^{\mathrm{T}}\left(\boldsymbol{H}^{\mathrm{T}}\boldsymbol{H}\right)=0 \Rightarrow \hat{\boldsymbol{s}}=\left(\boldsymbol{H}^{\mathrm{T}}\boldsymbol{H}\right)^{-1}\boldsymbol{H}^{\mathrm{T}}\boldsymbol{y} \tag{E.6}$$

注意，$\left(\boldsymbol{H}^{T}\boldsymbol{H}\right)^{-1}\boldsymbol{H}^{\mathrm{T}}$ 这一项也被称为 $\boldsymbol{H}$ 的伪逆，并且表示为 $\boldsymbol{H}^{+}$，在复值情形中，推导有一点不同，但会得到类似的结果 $\boldsymbol{H}^{+}=(\boldsymbol{H}^{*}\boldsymbol{H})^{-1}\boldsymbol{H}^{*}$。

附录 F　第 5 章的一些运算结果

F.1　引理 1

这里表明：

$$\Pr\{J(\bar{\boldsymbol{s}}) \leqslant J(\boldsymbol{s})|\,\boldsymbol{H},\boldsymbol{s}\} = Q\left(\frac{\|\boldsymbol{H}(\bar{\boldsymbol{s}}-\boldsymbol{s})\|}{\sqrt{2}\rho}\right) \tag{F.1}$$

其中 $J(\cdot)$ 在第 5 章中定义。

注意，式 (F.1) 左边的概率可以明确写成：

$$\begin{aligned}
&\Pr\{J(\bar{\boldsymbol{s}}) - J(\boldsymbol{s}) \leqslant 0|\,\boldsymbol{H},\boldsymbol{s}\}\\
&= \Pr\left\{\|\boldsymbol{y}-\boldsymbol{H}\bar{\boldsymbol{s}}\|^2 - \|\boldsymbol{y}-\boldsymbol{H}\boldsymbol{s}\|^2 \leqslant 0\big|\,\boldsymbol{H},\boldsymbol{s}\right\}\\
&= \Pr\left\{\|\boldsymbol{H}\boldsymbol{s}+\rho\boldsymbol{n}-\boldsymbol{H}\bar{\boldsymbol{s}}\|^2 - \|\rho\boldsymbol{n}\|^2 \leqslant 0\big|\,\boldsymbol{H},\boldsymbol{s}\right\}\\
&= \Pr\left\{\|\boldsymbol{H}(\boldsymbol{s}-\bar{\boldsymbol{s}})\|^2 + 2\rho\mathrm{Re}\{[\boldsymbol{H}(\boldsymbol{s}-\bar{\boldsymbol{s}})]^*\boldsymbol{n}\} \leqslant 0\big|\,\boldsymbol{H},\boldsymbol{s}\right\}
\end{aligned} \tag{F.2}$$

由于以 $\boldsymbol{H}$ 和 $\boldsymbol{s}$ 为条件，$J(\bar{\boldsymbol{s}}) - J(\boldsymbol{s})$ 是高斯随机变量：

$$\begin{aligned}
\mathrm{E}\,[J(\bar{\boldsymbol{s}}) - J(\boldsymbol{s})|\boldsymbol{H},\boldsymbol{s}] &= \|\boldsymbol{H}(\bar{\boldsymbol{s}}-\boldsymbol{s})\|^2\\
\mathrm{Var}\,[J(\bar{\boldsymbol{s}}) - J(\boldsymbol{s})|\boldsymbol{H},\boldsymbol{s}] &= 2\rho^2\|\boldsymbol{H}(\bar{\boldsymbol{s}}-\boldsymbol{s})\|^2
\end{aligned} \tag{F.3}$$

并牢记：

$$\frac{1}{\sqrt{2\pi\sigma^2}}\int_m^{\infty}\exp\left(-\frac{x^2}{2\sigma^2}\right)\mathrm{d}x = Q\left(\frac{m}{\sigma}\right) \tag{F.4}$$

式 (F.1) 成立。

F.2　引理 2

这里表明：

$$\mathrm{E}_{\boldsymbol{H}}\left[\exp\left(-\frac{\|\boldsymbol{H}\boldsymbol{e}\|^2}{4\rho^2}\right)\right] = \frac{1}{\left(1+\dfrac{\|\boldsymbol{e}\|^2}{4M\rho^2}\right)^N} \tag{F.5}$$

其中，$\boldsymbol{H} = \dfrac{1}{\sqrt{M}}\boldsymbol{H}_{\mathrm{PHY}}$，$\boldsymbol{H}_{\mathrm{PHY}}$ 是标准的 $N \times M$ 不相关瑞利矩阵。为方便起见，表示为：$\boldsymbol{W} = \boldsymbol{H}_{\mathrm{PHY}}$。

使用 $\boldsymbol{W}$，则式 (F.5) 等号左边的期望值采用以下形式表示：

$$\int \exp\left(-\frac{\|\boldsymbol{W}\boldsymbol{e}\|^2}{4M\rho^2}\right) p(\boldsymbol{W})\,\mathrm{d}\boldsymbol{W} \tag{F.6}$$

$\boldsymbol{W}\boldsymbol{e}$ 可以改写为：

$$\boldsymbol{W}\boldsymbol{e} = \sum_{m=1}^{M} \boldsymbol{w}_m e_m \tag{F.7}$$

其中，$\boldsymbol{w}_m$ 是 $\boldsymbol{W}$ 的第 m 列，或者是：

$$\sum_{m=1}^{M} \boldsymbol{w}_m e_m = \boldsymbol{A}\boldsymbol{w} \tag{F.8}$$

其中：

$$\boldsymbol{w}_{NM\times 1} = \begin{bmatrix} \boldsymbol{w}_1 \\ \vdots \\ \boldsymbol{w}_M \end{bmatrix} \tag{F.9}$$

$$\boldsymbol{A}_{N\times NM} = [e_1\boldsymbol{I}, \cdots, e_M\boldsymbol{I}] \tag{F.10}$$

使用这些定义，式 (F.6) 变为：

$$\begin{aligned} &\int_{\boldsymbol{w}\in\mathbb{C}^{MN}} \exp\left(-\frac{\|\boldsymbol{A}\boldsymbol{w}\|^2}{4M\rho^2}\right) p(\boldsymbol{w})\,\mathrm{d}\boldsymbol{w} \\ &= \frac{1}{\pi^{MN}} \int \exp\left(-\frac{\boldsymbol{w}^*\boldsymbol{A}^*\boldsymbol{A}\boldsymbol{w}}{4M\rho^2}\right) \exp(-\boldsymbol{w}^*\boldsymbol{w})\,\mathrm{d}\boldsymbol{w} \\ &= \frac{1}{\pi^{MN}} \int \exp\left(-\boldsymbol{w}^*\left(I + \frac{\boldsymbol{A}^*\boldsymbol{A}}{4M\rho^2}\right)\boldsymbol{w}\right) \mathrm{d}\boldsymbol{w} \end{aligned} \tag{F.11}$$

使用式 (B.7) 和恒等式 $\det(\boldsymbol{I}+\boldsymbol{A}\boldsymbol{B}) = \det(\boldsymbol{I}+\boldsymbol{B}\boldsymbol{A})$ 来表示 $\boldsymbol{A}_{M\times N}$ 和 $\boldsymbol{B}_{N\times M}$，期望值 [式 (F.11)] 则为：

$$\frac{1}{\det\left(\boldsymbol{I}_N + \dfrac{\boldsymbol{A}\boldsymbol{A}^*}{4M\rho^2}\right)} \tag{F.12}$$

因为 $\boldsymbol{A}\boldsymbol{A}^* = \|\boldsymbol{e}\|^2\boldsymbol{I}_N$，得到：

$$\frac{1}{\det\left(\boldsymbol{I}_N + \dfrac{\|\boldsymbol{e}\|^2\boldsymbol{I}_N}{4M\rho^2}\right)} = \frac{1}{\left[1 + \dfrac{\|\boldsymbol{e}\|^2}{4M\rho^2}\right]^N} \tag{F.13}$$

所以，式 (F.5) 成立。

附录 G　2×2 ZF 中的 DO 和 AG

关注一下式（5.21）中 $\hat{s}$ 的取值之一 $\hat{s}_0$，在给出 $\boldsymbol{H}$ 的情况下，误差方差为：

$$\mathrm{E}[|\hat{s}_0 - s_0|^2] = \rho^2 \frac{|h_{11}|^2 + |h_{10}|^2}{|h_{00}h_{11} - h_{10}h_{01}|^2} = 2\rho^2 \frac{|w_{11}|^2 + |w_{10}|^2}{|w_{00}w_{11} - w_{10}w_{01}|^2} \tag{G.1}$$

其中，w_{ij} 是归一化复正态随机变量，并且引入因子 2 来解决由 $\dfrac{1}{\sqrt{M}} = \dfrac{1}{2}$ 引入的缩放，从而维持单位发送功率。

ppSNR 为：

$$\mathrm{ppSNR}_0 = \frac{1}{2\rho^2} \frac{|w_{00}w_{11} - w_{10}w_{01}|^2}{|w_{11}|^2 + |w_{10}|^2} = \frac{1}{2\rho^2} \frac{|\boldsymbol{w}_0^* \tilde{\boldsymbol{w}}_1|^2}{\|\tilde{\boldsymbol{w}}_1\|^2} \tag{G.2}$$

其中，$\boldsymbol{w}_0$ 是归一化信道矩阵 $\boldsymbol{W}$ 的第一列，$\tilde{\boldsymbol{w}}_1$ 是复正态向量：

$$\tilde{\boldsymbol{w}}_1 = \begin{bmatrix} w_{11}^* \\ -w_{10}^* \end{bmatrix} \tag{G.3}$$

这与 $\boldsymbol{w}_0$ 无关，并且在统计上与 $\boldsymbol{W}$ 的第二列相同。将 ppSNR_0（G.2）重写为：

$$\mathrm{ppSNR}_0 = \frac{1}{2\rho^2} \frac{\|\boldsymbol{w}_0\|^2 \|\tilde{\boldsymbol{w}}_1\|^2 \cos^2\alpha}{\|\tilde{\boldsymbol{w}}_1\|^2} = \frac{\|\boldsymbol{w}_0\|^2 \cos^2\alpha}{2\rho^2} \tag{G.4}$$

其中，α 是 $\boldsymbol{w}_0$ 和 $\tilde{\boldsymbol{w}}_1$ 之间的角度。

注意，ppSNR 的上界是由 $\|\boldsymbol{w}_0\|^2/2\rho^2$ 来界定的，这是在 $\alpha = 0$ 时实现的，这意味着 $\boldsymbol{W}$ 的列是正交的（注意，$\tilde{\boldsymbol{w}}_1$ 与 $\boldsymbol{W}$ 的第二列正交）。

当处理长度为 N 的独立复正态向量时，它们之间的角度 α 与其规范无关，其 PDF[11] 为

$$p_\alpha(\alpha) = 2(N-1)\sin^{2N-3}\alpha\cos\alpha, \qquad 0 \leqslant \alpha \leqslant \pi/2 \tag{G.5}$$

当 $N = 2$ 时，得到：

$$p_\alpha(\alpha) = \sin 2\alpha, \qquad 0 \leqslant \alpha \leqslant \pi/2 \tag{G.6}$$

因此，ppSNR[式 (G.4)] 是两个独立随机变量的缩放乘积：

$$\text{ppSNR}_0 = \frac{X\cos^2\alpha}{2\times 2\rho^2} \tag{G.7}$$

其中 $X = 2\|\boldsymbol{w}_0\|^2$ 是 χ^2 分布，参数 $k=4$，满足：

$$p_X(x) = \frac{1}{2^{k/2}\Gamma(k/2)}x^{k/2-1}\exp(-x/2) = \frac{1}{4}x\exp(-x/2), \qquad x \geqslant 0 \tag{G.8}$$

$Z = X\cos^2\alpha$ 的 PDF 计算如下：

$$\Pr\{Z<z|\,\alpha\} = \Pr\left\{X<\frac{z}{\cos^2\alpha}\right\} = \int_{x=0}^{z/\cos^2\alpha} p_X(x)\,\mathrm{d}x, \qquad z \geqslant 0 \tag{G.9}$$

对 α 的 PDF 求平均，得到：

$$\Pr\{Z<z\} = \int_{\alpha=0}^{\pi/2} p_\alpha(\alpha)\mathrm{d}\alpha \int_{x=0}^{z/\cos^2\alpha} p_X(x)\,\mathrm{d}x \tag{G.10}$$

对 z 求导并应用莱布尼兹积分法则，得到：

$$\begin{aligned} p_Z(z) &= \int_{\alpha=0}^{\pi/2} p_\alpha(\alpha)\mathrm{d}\alpha\,\frac{\partial}{\partial z}\int_{x=0}^{z/\cos^2\alpha} p_X(x)\,\mathrm{d}x \\ &= \int_{\alpha=0}^{\pi/2} p_\alpha(\alpha)\mathrm{d}\alpha\,\frac{1}{\cos^2\alpha}p_X\left(\frac{z}{\cos^2\alpha}\right) \end{aligned} \tag{G.11}$$

将 X[式（G.8）] 和 α[式（G.6）] 代入，Z 的 PDF 恢复为：

$$\begin{aligned} p_Z(z) &= \frac{1}{2}z\int_{\alpha=0}^{\pi/2}\frac{\sin\alpha}{\cos^3\alpha}\exp\left(-\frac{z}{2\cos^2\alpha}\right)\mathrm{d}\alpha \\ &= \frac{1}{2}z\frac{\exp(-z/2)}{z} = \frac{1}{2}\exp(-z/2) \end{aligned} \tag{G.12}$$

这意味着 Z 是 $k=2$ 的 χ^2 分布，因此 ppSNR[式（G.7）] 与 DO $=1$ 和 AG $=1/2$ 相关联。

附录 H　空间相关性对 MRC 的影响

为进一步说明空间相关性的影响，使用一个 $1\times N$ 的接收分集系统，系统中信道是相关的。该系统类似于第 2 章中讨论的系统，此处仅使用协方差矩阵定义信道：

$$\mathrm{E}\{\boldsymbol{h}\boldsymbol{h}^*\} = \boldsymbol{C} \tag{H.1}$$

无论信道模型如何，在 MRC 中，以 $\boldsymbol{h}$ 为条件的错误概率都受限于：

$$\Pr\{\text{error}|\boldsymbol{h}\} \leqslant \exp\left(-\frac{\|\boldsymbol{h}\|^2}{2\rho^2}\right) \tag{H.2}$$

无条件错误概率是通过对 $\boldsymbol{h}$ 的联合概率密度进行积分得到的，因此它受限于：

$$\int_{\boldsymbol{h}\in\mathbb{C}^N} \exp\left(-\frac{\|\boldsymbol{h}\|^2}{2\rho^2}\right) p(\boldsymbol{h})\,\mathrm{d}\boldsymbol{h} \tag{H.3}$$

使用 $\boldsymbol{h}$ 的联合密度（见附录 B），式 (H.3) 由以下公式给出：

$$\begin{aligned} &\frac{1}{\pi^N \det \boldsymbol{C}} \int_{\boldsymbol{h}\in\mathbb{C}^N} \exp\left(-\frac{\|\boldsymbol{h}\|^2}{2\rho^2}\right) \exp\left(-\boldsymbol{h}^*\boldsymbol{C}^{-1}\boldsymbol{h}\right)\,\mathrm{d}\boldsymbol{h} \\ =&\frac{1}{\pi^N \det \boldsymbol{C}} \int_{\boldsymbol{h}\in\mathbb{C}^N} \exp\left(-\boldsymbol{h}^*\left(\frac{\boldsymbol{I}}{2\rho^2} + \boldsymbol{C}^{-1}\right)\boldsymbol{h}\right)\,\mathrm{d}\boldsymbol{h} \end{aligned} \tag{H.4}$$

使用式 (B.7)，式 (H.4) 变为：

$$\frac{1}{\det \boldsymbol{C} \det\left(\dfrac{\boldsymbol{I}}{2\rho^2} + \boldsymbol{C}^{-1}\right)} = \frac{1}{\det\left(\dfrac{\boldsymbol{C}}{2\rho^2} + \boldsymbol{I}\right)} \tag{H.5}$$

<u>**合理性检验**</u>：在 $\boldsymbol{h}$ 中信道不相关（$\boldsymbol{C} = \boldsymbol{I}$）的情况下，式 (H.5) 与标准的 MRC 上界 [参见第 2 章中的式 (2.11)] 一致。

着重看一下实值空间相关性为 r 的 2 个接收天线的情况。协方差矩阵采用如下形式表示：

$$\boldsymbol{C} = \begin{bmatrix} 1 & r \\ r & 1 \end{bmatrix} \tag{H.6}$$

界定值如式 (H.5) 变为：

$$\frac{1}{1 + \dfrac{1}{\rho^2} + \dfrac{1-r^2}{(2\rho^2)^2}} \tag{H.7}$$

这意味着对于 $r \neq 1$ 的情况，DO 为 2，并且只有 AG 会受到相关性的影响。相反，在完全相关 $r = 1$ 的极限情况下，最高功率项抵消，而且 DO 为 1。在空间相关（$r = 0.8$）的情况下，两天线 MRC 的性能如图 H-1 所示。

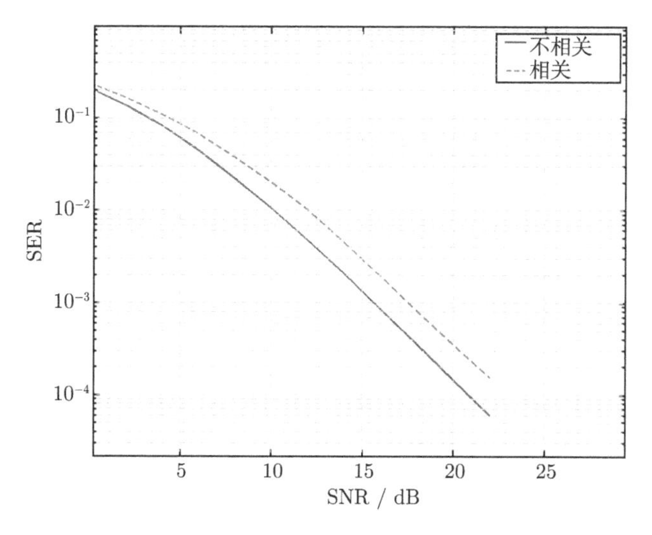

图 H-1　具有空间相关性的两天线 MRC 的性能

附录 I　基带信道

在无线通信中，可以调制 RF 正弦波的幅度和相位。因此，基本上传输的（实值）RF 信号一般采用以下形式：

$$r(t) = A(t)\cos(2\pi f_{\mathrm{c}}t + \phi(t)) \tag{I.1}$$

注意，可以使用复值基带信号 $s(t) = A(t)\exp(\mathrm{j}\phi(t))$ 来重写发射信号 $r(t)$：

$$\begin{aligned} r(t) &= A(t)\mathrm{Re}\left\{\exp\left[\mathrm{j}\left(2\pi f_{\mathrm{c}}t + \phi(t)\right)\right]\right\} = \mathrm{Re}\left\{A(t)\exp(\mathrm{j}\phi(t))\exp\left(\mathrm{j}2\pi f_{\mathrm{c}}t\right)\right\} \\ &= \mathrm{Re}\left\{s(t)\exp\left(\mathrm{j}2\pi f_{\mathrm{c}}t\right)\right\} \end{aligned} \tag{I.2}$$

在发射机和接收机之间具有 LOS 的情况下，到达接收机 $e(t)$ 的无噪声版本的信号只是 $r(t)$ 的缩放时延版本，为：

$$e(t) = \beta r(t - \tau) \tag{I.3}$$

其中，β 是实际衰减因子，τ 是时延。

当存在多径时，接收信号是 K 条不同路径的叠加：

$$e(t) = \sum_{i=0}^{K-1} \beta_i r(t-\tau_i) \tag{I.4}$$

基于式 (I.2) 以及 β_i 是实值的事实，可以将接收信号重写为：

$$\begin{aligned} e(t) &= \sum_{i=0}^{K-1} \beta_i \mathrm{Re}\left\{s(t-\tau_i)\exp\left(\mathrm{j}2\pi f_\mathrm{c}(t-\tau_i)\right)\right\} \\ &= \mathrm{Re}\left\{\sum_{i=0}^{K-1} \beta_i \exp\left(\mathrm{j}2\pi f_\mathrm{c}(t-\tau_i)\right)s(t-\tau_i)\right\} \\ &= \mathrm{Re}\left\{\exp\left(\mathrm{j}2\pi f_\mathrm{c} t\right)\sum_{i=0}^{K-1} \beta_i \exp\left(-\mathrm{j}2\pi f_\mathrm{c}\tau_i\right)s(t-\tau_i)\right\} \end{aligned} \tag{I.5}$$

这意味着接收的基带信号 $y(t)$ 是：

$$\begin{aligned} y(t) &= \sum_{i=0}^{K-1} \beta_i \exp\left(-\mathrm{j}2\pi f_\mathrm{c}\tau_i\right)s(t-\tau_i) \\ &= \sum_{i=0}^{K-1} a_i s(t-\tau_i) \end{aligned} \tag{I.6}$$

其中，$a_i = \beta_i \exp\left[-\mathrm{j}2\pi f_\mathrm{c}\tau_i\right]$ 是第 i 条路径的复值系数，基带信道 $h(\tau)$ 采用以下形式表示：

$$h(\tau) = \sum_{i=0}^{K-1} a_i \delta(\tau-\tau_i) \tag{I.7}$$

附录 J　SOIA 近似

通过移动，接收的 RF 信号采用这种形式：

$$\begin{aligned} e(t) &= \sum_{i=0}^{K-1} \beta_i r\left(t-\tau_i-\frac{v\cos\alpha_i \cdot t}{C}\right) \\ &= \sum_{i=0}^{K-1} \beta_i \mathrm{Re}\left\{s\left(t-\tau_i-\frac{v\cos\alpha_i \cdot t}{C}\right)\exp\left(\mathrm{j}2\pi f_\mathrm{c}\left(t-\tau_i-\frac{v\cos\alpha_i \cdot t}{C}\right)\right)\right\} \\ &= \mathrm{Re}\left\{\sum_{i=0}^{K-1} \beta_i s\left(t-\tau_i-\frac{v\cos\alpha_i \cdot t}{C}\right)\exp\left(\mathrm{j}2\pi f_\mathrm{c}\left(t-\tau_i-\frac{v\cos\alpha_i \cdot t}{C}\right)\right)\right\} \end{aligned} \tag{J.1}$$

所以接收的基带信号为：

$$
\begin{aligned}
y(t) &= \sum_{i=0}^{K-1} \underbrace{\beta_i \exp(-\mathrm{j}2\pi f_\mathrm{c}\tau_i)}_{a_i} \exp\left(-\mathrm{j}2\pi f_\mathrm{c}\frac{v\cos\alpha_i \cdot t}{C}\right) s\left(t-\tau_i-\frac{v\cos\alpha_i \cdot t}{C}\right) \\
&= \sum_{i=0}^{K-1} a_i \exp\left(-\mathrm{j}2\pi f_\mathrm{m}\cos\alpha_i \cdot t\right) s\left(t-\tau_i-\underbrace{\frac{v\cos\alpha_i \cdot t}{C}}_{\text{“压缩”}}\right)
\end{aligned}
\tag{J.2}
$$

除了由多普勒产生的频移之外，基带信号 $s(t)$ 也会被“压缩”。当观察间隔足够短，以至于“压缩”项远小于基带的奈奎斯特采样频率时，会应用短观测间隔近似 (Short Observation Interval Approximation，SOIA)，或者：

$$
\left|\frac{v\cos\alpha_i \cdot T}{C}\right| \ll \frac{1}{\mathrm{BW}} \Rightarrow vT \ll \frac{C}{\mathrm{BW}} \tag{J.3}
$$

这样就可以忽略“压缩”项。

例如，当 BW 为 10 MHz，速度为 110 km/h（约 30 m/s）时，SOIA 的值保持足够小于：

$$
T \ll \frac{3\times10^8}{10\times10^6\times30} = 1\ \mathrm{s} \tag{J.4}
$$

大多数实际系统的传输时间在毫秒级，远远小于 1 s。因此，通过 SOIA 近似，接收的基带信号可简化为：

$$
y(t) = \sum_{i=0}^{K-1} a_i \exp\left(-\mathrm{j}2\pi f_\mathrm{m}\cos\alpha_i \cdot t\right) s\left(t-\tau_i\right) \tag{J.5}
$$

附录 K U 形 PSD 的推导

为了计算式 (8.18)（参见第 8 章）中随机过程 $a_i(t)$ 的 PSD，从它的自相关开始：

$$
\begin{aligned}
R(\tau) &= \mathrm{E}\left[a_i(t)a_i^*(t+\tau)\right] \\
&= \mathrm{E}\left[\left[a_i\sum_p \mathrm{e}^{\mathrm{j}\phi_{i,p}}\exp\left(-\mathrm{j}2\pi f_\mathrm{m}\cos\alpha_{i,p}\cdot t\right)\right]\right. \\
&\qquad \left.\left[a_i\sum_p \mathrm{e}^{\mathrm{j}\phi_{i,m}}\exp\left(-\mathrm{j}2\pi f_\mathrm{m}\cos\alpha_{i,p}\cdot(t+\tau)\right)\right]^*\right]
\end{aligned}
\tag{K.1}
$$

根据 $\phi_{i,p}$ 为 U $(0,2\pi)$ 和独立同分布，这可简化为：

$$\begin{aligned} R(\tau) &= |a_i|^2 \mathrm{E}\left[\sum_p \exp\left(\mathrm{j}2\pi f_\mathrm{m} \cos\alpha_{i,p}\tau\right)\right] \\ &= \mathrm{const}\cdot\mathrm{E}\left[\exp\left(\mathrm{j}2\pi f_\mathrm{m}\cos\alpha_{i,p}\tau\right)\right] \end{aligned} \tag{K.2}$$

PSD 是自相关函数的傅里叶变换，所以有：

$$\begin{aligned} S(f) &= \int_\tau R(\tau)\exp(-\mathrm{j}2\pi f\tau)\mathrm{d}\tau \\ &= \mathrm{const}\cdot\int_\tau \mathrm{E}\left[\exp\left(\mathrm{j}2\pi f_\mathrm{m}\cos\alpha_{i,m}\tau\right)\right]\exp(-\mathrm{j}2\pi f\tau)\mathrm{d}\tau \\ &= \mathrm{const}\cdot\mathrm{E}\left[\delta\left(f-f_\mathrm{m}\cos\alpha_{i,m}\right)\right] \end{aligned} \tag{K.3}$$

根据 $\alpha_{i,m}$ 是 U $(0,2\pi)$ 和独立同分布，并基于余弦对称性，得到：

$$S(f) = \mathrm{const}\cdot\int_{\alpha=0}^{\pi}\delta\left(f-f_\mathrm{m}\cos\alpha\right)\mathrm{d}\alpha \tag{K.4}$$

最后，将变量更改为：

$$z = f_\mathrm{m}\cos\alpha \Rightarrow \frac{\mathrm{d}z}{\mathrm{d}\alpha} = -f_\mathrm{m}\sin\alpha \Rightarrow \mathrm{d}\alpha = -\frac{\mathrm{d}z}{f_\mathrm{m}\sqrt{1-\left(\dfrac{z}{f_\mathrm{m}}\right)^2}} \tag{K.5}$$

得到 U 形 PSD：

$$\begin{aligned} S(f) &= \mathrm{const}\cdot\int_{z=-f_\mathrm{m}}^{f_\mathrm{m}}\delta\left(z-f\right)\frac{\mathrm{d}z}{f_\mathrm{m}\sqrt{1-\left(\dfrac{z}{f_\mathrm{m}}\right)^2}} \\ &= \begin{cases} \mathrm{const}\cdot\dfrac{1}{f_\mathrm{m}}\dfrac{1}{\sqrt{1-\left(\dfrac{f}{f_\mathrm{m}}\right)^2}}, & \forall|f|<f_\mathrm{m} \\ 0, & \text{其他} \end{cases} \end{aligned} \tag{K.6}$$

缩略语表

英文缩写	英文全称	中文名称
AG	Array Gain	阵列增益
AWGN	Additive White Gaussian Noise	加性高斯白噪声
BLE	Best Linear Estimate	最佳线性估计
BS	Base Station	基站
CL-MIMO	Closed-Loop MIMO	闭环 MIMO
CLT	Central Limit Theorem	中心极限定理
CP	Cyclic Prefix	循环前缀
DAC	Digital-Analog Converter	数模转换器
DL	downlink	下行链路
DO	Diversity Order	分集阶数
DOA	Direction Of Arrival	到达方向
DSP	Digital Signal Processing	数字信号处理
FDD	Frequency Division Duplex	频分双工
FFT	Fast Fourier Transform	快速傅里叶变换
GB	Guard Band	保护频带
GI	Guard Interval	保护间隔
HSPA	High-Speed Packet Access	高速分组接入
i.i.d	Independent Identical Distribution	独立同分布
IDFT	Inverse Discrete Fourier Transform	离散傅里叶逆变换
IFFT	Inverse Fast Fourier Transform	快速傅里叶逆变换
ISI	Inter-Symbol Interference	符号间干扰

续表

英文缩写	英文全称	中文名称
LLR	Log-Likelihood Ratio	对数似然比
LOS	Line-Of-Sight	视距
LTE	Long Term Evolution	长期演进
LTI	Linear Time Invariant	线性时不变
MAP	Maximum a posteriori Probability	最大后验概率
MIMO	Multi-Input Multi-Output	多输入多输出
ML	Maximum Likelihood	最大似然
MMSE	Minimum Mean-Square Error	最小均方差
MRC	Maximum Ratio Combining	最大比合并
MRT	Maximum Ratio Transmission	最大比传输
MUI	Multi-User Interference	多用户干扰
NLOS	Non Line-Of-Sight	非视距
NOMA	Non-orthogonal Multiple Access	非正交多址接入
OFDM	Orthogonal Frequency Division Multiplexing	正交频分复用
OFDMA	Orthogonal Frequency Division Multiple Access	正交频分多址
PA	Power Amplifier	功率放大器
PAPR	Peak-to-Average Power Ratio	峰均功率比
PDF	Probability Density Function	概率密度函数
ppSNR	post-processing SNR	处理后 SNR
RMS	Root Mean Square	均方根
SC-FDMA	Single Carrier Frequency Division Multiple Access	单载波频分多址
SDMA	Space Division Multiple Access	空分多址
SER	Symbol Error Rate	符号错误率
SIC	Successive Interference Cancellation	串行干扰消除
SIMO	Single-Input Multiple-Output	单输入多输出

续表

英文缩写	英文全称	中文名称
SINR	Signal to Interference plus Noise Ratio	信号与干扰加噪声比，简称信干噪比
SIR	Signal to Interference Ratio	信号干扰比，简称信干比
SISO	Single-Input Single-Output	单输入单输出
SM	Spatial Multiplexing	空间复用
SNR	Signal-to-Noise Ratio	信噪比
SOIA	Short Observation Interval Approximation	短观测间隔近似
STC	Space-Time Code	空时编码
SVD	Singular Value Decomposition	奇异值分解
TDD	Time Division Duplex	时分双工
TO	Timing Offset	定时偏移
UL	uplink	上行链路
ULA	Uniform Linear Array	均匀线阵
UT	User Terminal	用户终端
WCDMA	Wideband Code Division Multiple Access	宽带码分多址
WLS	Weighted Least Square	加权最小二乘法
ZF	Zero Forcing	迫零

参考文献

[1] Recommendation ITU-R M. 1225: Guidelines for Evaluation of Radio Transmission Technologies for IMT-2000[S]. ITU, 1997.

[2] ALAMOUTI S. A simple transmit diversity technique for wireless communications[J]. IEEE Journal Selected Areas in Communications, 1998, 16(8): 1451–1458.

[3] ANDERSEN J B. Array gain and capacity for known random channels with multiple element arrays at both ends[J]. IEEE Journal on Selected Areas in Communications, 2000, 18(11): 2172–2178.

[4] BOLCSKEI H, PAULRAJ A J. Performance of space-time codes in the presence of spatial fading correlation[C]. IEEE Signals, Systems and Computers, 2000, 1: 687–693.

[5] FINCKE U, POHST M. Improved methods for calculating vectors of short length in lattice, including complexity analysis[J]. Mathematics of Computation, 1985, 44: 463–471.

[6] GOR B, HEATH R, PAULRAJ A. On performance of zero forcing receiver in presence of transmit correlation[C]. Proc. IEEE ISIT, 2002: 159.

[7] HEMANTH S, STOICA P, PAULRAJ A. Generalized linear precoder and decoder design for MIMO Channels using the weighted MMSE criterion[J]. IEEE Trans. Comm., 2001, 49(12): 2198–2206.

[8] JAKES W. Microwave Mobile Communications[M]. Hoboken: Wiley, 1974.

[9] LO T. Maximal ratio transmission[J]. IEEE Trans. Comm., 1999, 47(10): 1458–1461.

[10] LOVE D G, HEATH R W Jr. Grassmannian beamforming for multiple-input multiple-output wireless systems[J]. IEEE Trans. Info. Theory, 2003, 49(10): 2735–2747.

[11] LOYKA S, GAGNON F. Performance analysis of the V-BLAST algorithm: an analytical

approach[J]. IEEE Trans. Wireless Comm., 2004, 3(4): 1326–1337.

[12] MUQUET B, BIGLIERI E, SARI H. MIMO link adaptation in mobile WiMAX systems[C]. IEEE Wireless Communications and Networking Conference, 2007: 1810–1813.

[13] PAULRAJ A, NABAR R, GORE D. Introduction to Space-Time Wireless Communications[M]. Cambridge: Cambridge University Press, 2003.

[14] PENGFEI X, GIANNAKIS G B. Design and analysis of transmit-beamforming based on limited-rate feedback[J]. IEEE Trans. Signal Proc., 2006, 54: 1853–1863.

[15] POOR V, WORNELL G. Wireless Communications: Signal Processing Perspectives[M]. Upper Saddle River: Prentice Hall, 1998.

[16] PROAKIS J. Digital Communications[M]. New York: McGraw-Hill, 1995.

[17] RAO B D, YAN M. Performance of maximal ratio transmission with two receive antennas[J]. IEEE Trans. Comm., 2003, 51(6): 894–895.

[18] SERBETLI S, YENER A. Transceiver optimization for multiuser MIMO systems[J]. IEEE Trans. Sig. Proc., 2004, 52(1): 214–226.

[19] SPENCER Q H, SWINDLEHURST A L, HAARDT M. Zero-forcing methods for downlink spatial multiplexing in multiuser MIMO channels[J]. IEEE Trans. Comm., 2004, 52(2): 461–471.

[20] VAN NEE R D J. OFDM for Wireless Multimedia Communications[M]. Boston: Artech House Publishers, 1999.

[21] WANG Z, GIANNAKIS G B. A simple and general parameterization quantifying performance in fading channels[J]. IEEE Trans. Comm., 2003, 51: 1389–1398.

[22] WINTERS J, SALZ J, GITLIN R. The impact of antenna diversity on the capacity of wireless communications systems[J]. IEEE Trans. Comm, 1994, 42(2): 1740–1751.

[23] WOLNIANSKY P W, FOSCHINI G J, GOLDEN G D, et al. V-BLAST: an architecture for realizing very high data rates over the rich-scattering wireless channel[C]. URSI International Symposium on Signals, Systems, and Electronics, 1998.

[24] WONG K, MURCH R D, BEN LETAIEF K. A joint-channel diagonalization for multiuser MIMO antenna systems[J]. IEEE Trans. Wireless Comm., 2003, 2(4): 773–786.

[25] XIA P, NIU H, OH J, et al. Diversity analysis of transmit beamforming and its appli-

cation in IEEE 802.11n systems[J]. IEEE Trans. Vehic. Tech., 2008, 57(4): 2638–2642.

[26] ZHOU S, WANG Z, GIANNAKIS G. Quantifying the power loss when transmit beamforming relies on finite-rate feedback[J]. IEEE Trans. Info. Theory, 2005, 4(4): 1948–1957.

[27] ZHUANG X, VOOK F W, THOMAS T A. OFDM multi-antenna designs with concatenated codes[C]. Global Telecommunications Conference. IEEE, 2002: 666-670.